독자의 1초를
아껴주는 정성을
만나보세요!

세상이 아무리 바쁘게 돌아가더라도 책까지 아무렇게나 빨리 만들 수는 없습니다.

인스턴트 식품 같은 책보다 오래 익힌 술이나 장맛이 밴 책을 만들고 싶습니다.

땀 흘리며 일하는 당신을 위해 한 권 한 권 마음을 다해 만들겠습니다.

마지막 페이지에서 만날 새로운 당신을 위해 더 나은 길을 준비하겠습니다.

즐거운
프로그래밍
경   험

모두의
아두이노

누구나 쉽게 배우는 전자 회로 공작과 프로그래밍

다카모토 다카요리 지음 · 정진희 옮김

길벗

모두의 아두이노

Arduino for Everyone

초판 발행 · 2016년 6월 13일
초판 10쇄 발행 · 2022년 9월 5일

지은이 · 다카모토 다카요리
옮긴이 · 장진희
발행인 · 이종원
발행처 · (주)도서출판 길벗
출판사 등록일 · 1990년 12월 24일
주소 · 서울시 마포구 월드컵로 10길 56(서교동)
대표전화 · 02)332-0931 | **팩스** · 02)333-5409
홈페이지 · www.gilbut.co.kr | **이메일** · gilbut@gilbut.co.kr

담당 편집 · 김윤지(yunjikim@gilbut.co.kr) | **기획 및 교정교열** · 박은경 | **디자인** · 배진웅 | **제작** · 이준호, 손일순, 이진혁
영업마케팅 · 임태호, 전선하, 지운집 | **영업관리** · 김명자 | **독자지원** · 송혜란, 정은주

전산편집 · 도설아 | **출력 및 인쇄** · 북토리 | **제본** · 신정문화사

- 잘못된 책은 구입한 서점에서 바꿔 드립니다.
- 이 책에 실린 모든 내용, 디자인, 이미지, 편집 구성의 저작권은 (주)도서출판 길벗과 지은이에게 있습니다.
  허락 없이 복제하거나 다른 매체에 옮겨 실을 수 없습니다.

ISBN 979-11-87345-20-6 93560
(길벗 도서번호 006835)

정가 16,000원

···

독자의 1초를 아껴주는 정성 길벗출판사

(주)도서출판 길벗 | IT실용, IT전문서, IT/일반수험서, 경제경영, 취미실용, 인문교양(더퀘스트) **www.gilbut.co.kr**
길벗이지톡 | 어학단행본, 어학수험서 **www.eztok.co.kr**
길벗스쿨 | 국어학습, 수학학습, 어린이교양, 주니어 어학학습, 교과서 **www.gilbutschool.co.kr**

이 책은 전기 전자를 잘 모르는 사람들이 오픈 소스 하드웨어인 아두이노를 이용한 공작의 세계를 쉽고 빠르게 알게 하려고 집필했다.

나는 2011년 1월 한 공부 모임에서 아두이노를 알게 됐다. 저렴한 가격의 센서들을 간단히 사용할 수 있다고 들었기에 그 날 바로 인터넷으로 주문하여 사용하기 시작했다. 그 후 참고 서적도 많이 사서 보고, 다양한 전자 부품을 사서 시험해 보기도 했다. 이때 알 수 있었던 건 실로 놀랄 만큼 짧은 기간에 생각했던 것들을 만들 수 있다는 사실이었다. 게다가 다루기 어려운 자이로 센서나 3축 가속도 센서도 사용할 수 있게 된 후에는 가슴이 두근거리기 시작했다.

최근 몇 년간 오픈 소스 하드웨어의 개념은 전 세계로 퍼지기 시작하여 교육뿐만 아니라 DIY 영역이나 기업에서도 사용하기 시작했다. 2012년에 출간된 책 《MARKERS》(크리스 앤더슨 지음, NHK 출판)가 화제가 되어 일종의 사회 현상으로 발전했고, 미국의 오바마 대통령도 영향을 받아 '3D 프린터'의 보급을 주장했다. 또한, 개인이 제품을 직접 만드는 일은 간단한 일이 되는 '제3차 산업혁명'의 움직임이 일어나기도 했다. 이 모든 것이 불과 얼마 전의 이야기이다.

이 책을 정리하기에 앞서 회로도를 없애고 케이블을 이용한 배선을 줄였으며, 더 나아가 아두이노를 작동시키는 스케치(프로그래밍)도 짧게 만들기 위해 신경 썼다. 이렇게 신경 썼으니 전기 전자를 전공하지 않은 사람들, 때에 따라서는 초등학생이라도 아두이노를 사용할 수 있었으면 하는 생각이다. 지금까지는 없었던 아두이노 팬층을 만들기 위해 정리했다고도 할 수 있다.

예전에 나는 존경하는 분에게 '시스템은 무엇인가?'라는 것을 배운 적이 있다. 그때 '시스템이란 입력과 출력, 그리고 처리 기능을 가진 것'이라는 걸 알게 되었다. 이 간단명료한 것이 뇌리에 박혀서 지금까지도 시스템을 개발할 때 뿌리가 되고 있다. 아두이노를 이용해 시스템을 만들 때는 센서가 '입력'이고, LED나 LCD(액정 디스플레이), 스피커 등이 '출력'이며, 이를 서로 연결하는 '처리'가 프로그래밍이라는 것을 이해한 후 시작하고 있다. 이 책의 기본이 되는 생각의 흐름도 '시스템 = 입력 + 처리 + 출력'이고, 이를 바탕으로 아두이노를 빠르게 이해할 수 있게 했다.

이 책은 기본적인 아두이노 프로그래밍 기술을 정리한 것이기는 하지만 몇 가지 기교에 관해서도 설명하고 있다. 이 기교들은 임베디드, 정보, 건축, 환경 분야 등에서 공부하고 있는 사람이나 예술 분야에서 LED를 제어하는 등의 활동을 하는 사람에게도 폭넓게 이용될 수 있는 기술을 포함하고 있다.

이 책이 독자의 두뇌를 활성화시켜서 수준 높은 기술을 사용한 제품 개발에 도움이 될 수 있길 바란다.

이 책을 집필할 때 귀중한 의견을 주신 분들께 감사를 표한다.

주식회사 구조 계획 연구소	다이코쿠 아츠시
다쿠쇼쿠대학교 공학부	마에야마 도시유키
도쿄 도립 고이시카와 중등교육학교	아마요시 자즈오
도쿄 도립 종합공과고등학교	히라바야시 기미토시
기사라즈 공업 고등전문학교	이즈미 하지메
후쿠시마 현립 가이즈 공업고등학교	와타나베 유타카

이 외에도 현재 내가 종사하고 있는 NPO 법인 3G 실드 얼라이언스의 아키바 마사이치 님과 오비나타 마사히코 님에게도 여러 가지 유익한 정보를 주신 것에 감사드린다.

이 책을 출판할 때 지도해주신 릭 텔레콤의 니이제키 다쿠야 님과 가모우 다츠요시 님에게도 감사드린다. 책 제목에 관해서는 우여곡절이 있었지만. 니이제키 님이 이해할만한 설명을 해주신 '모두의 아두이노'로 결정된 것도 기쁘기 그지없다.

마지막으로 이 책을 집필하면서 일본의 아두이노 선구자로서 존경하며 항상 귀중한 의견을 주신 정보과학예술대학원(IAMAS)의 고바야시 시게루 교수님과 스위치 사이언스의 가네모토 시게루 사장님께 마음 깊이 감사드린다.

2013년 2월

다카모토 다카요리

아두이노를 처음 접했을 때가 생각납니다. 기본적인 회로 이론은 학부 때 배워서 알고 있었지만, 막상 배운 것을 이용해서 무언가를 만드는 일은 처음이었기에 참 막막했습니다. 더군다나 당시에는 한국에 아두이노가 많이 알려지지 않아 한국어로 된 자료를 찾기가 쉽지 않았습니다. 외국어로 구글에서 자료를 찾아가며 밤도 많이 새고, 이론으로 배운 것을 실제로 적용하는 과정에서 부품도 많이 태워 먹었습니다. 조금이라도 여러 사람과 함께 고민해 보면 어떨까 하여 페이스북 아두이노 페이지도 운영하다 보니, 이렇게 아두이노 입문서를 번역할 기회가 생겼습니다.

이 책을 번역하면서 이 책으로 입문하는 분들이 아두이노에 흥미를 느끼고 기초 지식을 잘 습득할 수 있도록 지은이가 여러 부품을 직접 사용해 보며 노력한 흔적을 곳곳에서 찾아볼 수 있었습니다. 이 책은 입문서이므로 깊고 자세한 내용을 가르쳐 주진 않지만, 처음 시작하는 분들이 이 책을 통해 아두이노의 기초를 이해하고 더 흥미를 느껴 앞으로 나아갈 수 있는 디딤돌이 되었으면 하는 바람입니다.

2016년 4월

장지늬희

이 책의 특징과 활용법

이 책의 특징

이 책에서는 입문자를 위한 준비 작업과 간단한 맛보기 실습, 프로그래밍 언어 기초 학습을 시작으로, 입력 부품과 출력 부품, 그리고 고급 입출력 부품까지 다뤄 보고 여러 가지 팁도 소개합니다. 마지막에는 아두이노 보드 없이 아두이노 예제를 실습해 볼 수 있는 팁도 수록하였으니 참고하기 바랍니다.

- 1장: 아두이노가 무엇인지 알아보고, 실습을 위한 준비 작업과 효율적으로 공부하는 방법을 소개합니다.
- 2장: 본격적으로 학습하기 전에 간단한 아두이노 예제를 실습해 봅니다.
- 3장: 프로그래밍 기초와 프로그래밍 언어를 학습합니다.
- 4장: 입력 부품을 다뤄 보며 아날로그 입력과 디지털 입력을 배웁니다.
- 5장: 출력 부품을 다뤄 보며 아날로그 출력과 디지털 출력을 배웁니다.
- 6장: 고급 입출력 부품을 다뤄 보며 심화 학습을 합니다.
- 7장: 아두이노를 사용할 때 유용한 정보를 소개합니다.
- 8장: 아두이노 없이 아두이노 예제를 실습해 볼 수 있는 방법을 소개합니다.

준비물

다음은 아두이노를 다룰 때 꼭 있어야 하는 기본 준비물입니다. 이 준비물들은 꼭 준비하기 바랍니다. 자세한 내용은 1장의 35쪽과 부록 A를 참고하세요.

- 아두이노 우노 R3(Arduino Uno R3)
- USB 케이블(A 타입과 B 타입 커넥터)
- 작은 브레드보드
- 부드러운 점퍼 와이어

다음은 예제별로 필요한 준비물입니다. 실습해 볼 예제에 따라 필요한 것을 준비하기 바랍니다. 자세한 내용은 1장의 35쪽과 각 장의 실습 진행 부분, 그리고 부록 A를 참고하세요.

- 가변저항(10KΩ), 택트 스위치, 기울기 센서(4장)
- LED, 저항(100Ω), 압전 스피커, 소형 DC 팬, 가변저항(10KΩ)(5장)
- 온도 센서, 광센서, 저항(1kΩ), 가속도 센서, 초음파 거리 센서, 적외선 거리 센서, LCD(액정 디스플레이), 압전 스피커(6장)
- 압전 스피커, 택트 스위치, 온도 센서(7장)
- 전기 인두기, 실납, 솔더링 페이스트, 인두기 스탠드, 납 흡입기(부품에 따라 필요할 수도 있음)

이 책에 나오는 모든 예제 소스를 길벗출판사 홈페이지와 깃허브에서 내려받을 수 있습니다.

소스코드 내려받는 방법 CODE

① 길벗출판사 홈페이지(www.gilbut.co.kr)에서 내려받기

[독자지원/자료실] → [자료/문의/요청]에서 도서명으로 검색하면 예제 파일을 내려받을 수 있습니다.

② 깃허브(github.com/gilbutITbook/006835)에서 내려받기

링크에 접속하면 예제 파일을 바로 내려받을 수 있습니다.

목차

3 프로그래밍 기초 79

2부   기초 편   117

4   입력 부품을 능숙하게 사용하자   119

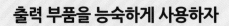

⑤ 출력 부품을 능숙하게 사용하자   141

⑦ 여러 가지 팁 209

아두이노 없이 아두이노를 다뤄 보자

1부

준비 편

준비 편에서는 아두이노에 관한 기본 지식과 아두이노를 작동시키는 방법, 사용하기 전에 해야

하는 준비 작업을 소개한다.

아두이노를 어느 정도 알고 있다면 건너뛰어도 좋다. 여기서 중요한 점은 아두이노를 얼마나 간

단히 배울 수 있는가이다. 아두이노를 사용하려면 하드웨어와 소프트웨어를 알아야 한다. 또한,

깊이 이해해야 하는 것도 있다. 이에 관해서도 요약하여 포인트로 설명했으니 찾아서 확인하는

정도로 학습해도 상관없다.

이 책의 대상 독자는 전공이 전기 전자가 아닌 사람들로, 관련 지식을 거의 몰라도 문제없을 정

도로 쉽게 정리했다.

1장에서는 아두이노가 무엇인지 소개하고 사용하기 전에 해야 하는 준비 작업과 학습을 효율적

으로 하는 방법 등을 소개한다. 2장에서는 초보자가 할 수 있는 간단한 아두이노 예제와 그에 필

요한 내용을 설명한다. 3장에서는 아두이노 프로그래밍에 필요한 지식을 간단히 설명한다.

아두이노는
무엇인가?

아두이노 우노(Arduino Uno)

아두이노(Arduino)는 2005년 말 이탈리아에서 탄생했다. 아직 10년이 안 됐는데 세계적으로 붐을 일으켜 교육 업계는 물론이고 기업에서도 널리 사용되고 있다. 누구나 싼값에 쉽게 사용할 수 있고, 다른 사용자가 인터넷에 오픈 소스로 공개한 자료들을 무료로 사용할 수도 있어서 더욱 빠르게 보급되고 있다.

아두이노는 처음 접하는 사람에게도 별로 어렵지 않고, 전문 기술자도 자신의 전문 분야 외의 기술로 사용할 수 있다는 점에서 높이 평가되고 있다. 특히 오픈 소스 하드웨어 개념을 채용한 덕에 많은 팬을 끌어들일 수 있었고, 이로 인해 인터넷에 아두이노 자료(관련 정보와 소프트웨어 등)가 폭발적으로 늘고 있다.

1장에서는 아두이노를 처음 시작하는 사람들을 위해 아두이노가 무엇인지 알아보고, 아두이노를 시작하기 위한 준비 작업과 개발 환경 구축 등을 소개한다.

그림 1-1 **아두이노의 판매 누계와 예측**

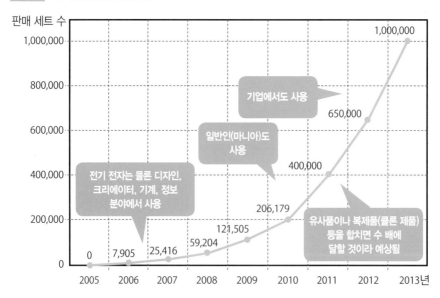

2005년 이탈리아의 대학 교수 마시모 반지(Massimo Banzi)와 창업자들이 전기 전자를 전공하는 학생들이 손쉽게 공부할 수 있도록 값싼 교재용 마이컴 보드*로 아두이노를 개발했다. 아두이노는 기술의 장벽이 매우 낮아서 지금은 정보 처리나 기계, 디자인, 크리에이터 등 문·이과를 막론하고 다양한 학생들이 사용하고 있다.

이러한 보급 기세는 세계적으로 퍼져, 학생과 일반인은 물론 여러 기업의 기술자들도 사용하게 됐다. 다시 말해 아두이노는 마이컴 보드의 표준이라고 할 수 있다.

이렇게 보급이 확대된 이유로는 물론 배우기가 쉽고 값이 저렴하다는 것도 있지만, 가장 큰 이유는 아두이노가 **오픈 소스 하드웨어**로 개발됐다는 것이다. 오픈 소스 하드웨어로 개발되어 아두이노의 회로도와 기판도 등이 공개됐고, 이를 참고하여 누구나 간단히 클론 제품을 개발하고 판매할 수 있다. 게다가 마이컴 보드를 프로그래밍하기 위한 소프트웨어 개발 환경(IDE, 통합 개발 환경이라고도 함)도 인터넷에서 무료로 내려받아 사용할 수 있다. 뿐만 아니라 많은 사용자가 직접 만든 예제나 프로그램을 인터넷에 올리기 시작했다. 아두이노의 보급 확대에 박차가 가해진 데는 인터넷에 자료가 많아진 것도 한몫하지 않았을까?

지금까지 일본에서는 학교 교육이나 일반 전자 공작에 PIC 마이컴이나 H8 마이컴 등을 사용했다. PIC 마이컴이나 H8 마이컴은 전기 전자를 어느 정도 아는 사람만이 능숙하게 사용할 수 있다. 아두이노를 사용하는 데는 그 정도로 높은 수준의 전기 전자 지식이 필요하지는 않아서, 아두이노가 PIC 마이컴이나 H8 마이컴 이상으로 널리 사용되게 됐다. 게다가 하드웨어와는 거리가 멀었던 정보 처리 교육에서도 아두이노를 사용하기 시작했고, 아두이노는 실제로 손에 쥐고 다룰 수 있는 교육 교재로 높이 평가됐다.

최근에는 일반 기업에도 아두이노를 사용하는 기술자가 늘고 있다. 기업에서 기술을 연구하는 사람들이 제품 개발을 위한 시제품 제작에 아두이노를 사용한다. 그 배경에는 아두이노가

---

* 편집주 마이크로컨트롤러(microcontroller) 보드를 줄여서 마이컴 보드 또는 마이크로 보드라고 한다. 마이크로프로세서와 입출력 기능을 갖춰 특정 기능을 수행하는 하드웨어로 구현한다. 작은 컴퓨터라고 할 수 있다.

기술의 장벽이 낮아 전기 전자 전공이 아닌 사람들이 쉽게 전기 전자 기술을 배울 수 있고, 단기간에 다룰 수 있으며, 값이 저렴하고, 풍부한 자료를 무료로 사용할 수 있다는 바탕이 있다.

이어서 다음 절에서는 아두이노가 무엇인지, 소프트웨어 개발에 필요한 개발 환경은 무엇인지, 빠르게 시작하려면 어떤 순서로 해야 하는지 알아보자.

② 아두이노

아두이노의 기본을 알아두는 것은 중요하다. 우선 아두이노가 무엇인지, 아두이노로 무엇을 할 수 있는지 알아두는 게 좋다. 이런 것들을 알아두면 아두이노의 사용법과 아두이노로 무엇을 만들지 보이기 시작할 것이다.

2.1 아두이노와 통합 개발 환경을 알아보자

아두이노는 **마이컴 보드**와 **통합 개발 환경**(Integrated Development Environment, IDE), 이 둘을 가리킨다. 마이컴 보드는 하드웨어이고 통합 개발 환경은 소프트웨어이다.

그림 1-2에서 볼 수 있듯이 마이컴 보드 위에는 센서나 모터 등의 액추에이터(actuator)* 같은 전자 부품을 연결한다. 통합 개발 환경에서는 프로그램을 개발하고, 개발한 프로그램을 마이컴 보드에 업로드해서 프로그램에 작성된 내용으로 마이컴 보드와 전자 부품을 작동시킨다.

인터넷에서 내려받을 수 있는 통합 개발 환경은 아두이노를 움직이는 소프트웨어를 개발하거나 개발한 소프트웨어를 마이컴 보드에 업로드하는 작업은 물론이고 **시리얼 통신**으로 컴퓨터와 통신하는 데에도 사용한다.

지금까지 설명한 것들의 관계와 사용 순서를 그림 1-3에 정리했다. 자세한 내용은 별도로 설명하겠다.

---

* 역주 시스템을 움직이거나 제어하는 데 쓰이는 기계 장치

이후로는 아두이노 마이컴 보드를 **아두이노**라고 부르고, 통합 개발 환경은 **IDE**라고 부른다.

그림 1-2 **아두이노는 마이컴 보드와 통합 개발 환경(IDE)으로 구성**

아두이노의
마이컴 보드

아두이노의
통합 개발 환경(IDE)

※ 아두이노는 이 둘을 가리킴

그림 1-3 **아두이노 사용 순서**

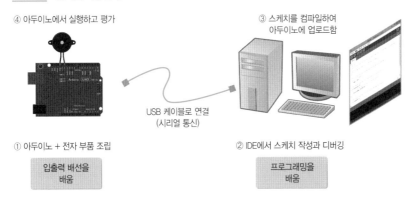

④ 아두이노에서 실행하고 평가

③ 스케치를 컴파일하여
아두이노에 업로드함

USB 케이블로 연결
(시리얼 통신)

① 아두이노 + 전자 부품 조립

입출력 배선을
배움

② IDE에서 스케치 작성과 디버깅

프로그래밍을
배움

2.2 아두이노로 무엇을 할 수 있을까

마이컴 보드는 컴퓨터의 축소판이다. 프로그램을 업로드해서 다양하게 작동시키거나 작업을 부여할 수 있다. LED(발광 다이오드)나 스피커, 센서 등의 전자 부품을 마이컴 보드에 연결하고 프로그램을 업로드하면 LED를 빛나게 하거나 스피커에서 소리가 나게 할 수 있고, 온도 센서나 광센서를 연결하고 프로그램을 업로드하면 온도나 조도 값을 읽어낼 수도 있다.

그림 1-4 **아두이노가 할 수 있는 일**

아두이노는 외부 전자 부품의 입출력 기능으로 아날로그 입출력 통신이나 디지털 입출력 통신, 시리얼 통신을 처리할 수 있다. 또한, 프로그래밍 처리 기능이 있어 계산이나 문자열 처리 등도 할 수 있고, 인터럽트 처리 기능이 있어서 인터럽트 처리도 할 수 있다.

더 나아가 **실드**(shield)라는 확장 보드를 사용하면 자동 제어 장치나 로봇, 3D 프린터 등도 만들 수 있다. USB 포트가 있는 실드는 SD 메모리를 사용하면 대량의 데이터를 저장할 수 있고, 무선 기능이 있는 실드로는 무선 네트워크를 구성할 수 있다. 게다가 휴대전화의 통신 방식인 3G 기능이 있는 실드로는 인터넷 접속도 할 수 있어서 사물 인터넷 사업으로 확장할 수도 있다.

그 외에도 카메라 영상을 활용하거나 위치 정보 시스템(GPS) 기능을 추가하여 범죄 예방이나 재난 예방, 환경 보호 등으로 응용할 수도 있다(그림 1-5 참조).

그림 1-5 **아두이노의 가능성**

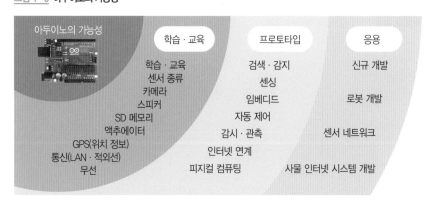

아두이노에서는 프로그램을 **스케치**라고 한다. 확장 보드는 **실드**라 하고, 처리 흐름과 프로세스를 **레시피**라고 한다. 이 아두이노 용어들에 익숙해지도록 하자.

2.3 아두이노 마이컴 보드의 종류

아두이노 마이컴 보드는 애트멜(Atmel)의 **마이크로프로세서**(CPU)를 사용하며, 8비트부터 32비트까지 많은 종류가 제조 및 판매되고 있다. 애트맬의 CPU는 스케치를 올릴 수 있는 **플래시 메모리**와 휘발성인 **워킹 메모리 SRAM**, 비휘발성인 **EEPROM 메모리**를 갖췄다. 아두이노는 이들의 용량이나 CPU의 처리 속도, 핀 수 등 몇 가지 특성에 따라 제품이 나뉜다.

가장 많이 보급된 **아두이노 우노**(Uno)는 크기가 작고 처음 접하는 사람을 위한 제품이다. 아두이노 우노보다 좀 더 상위 제품인 **아두이노 메가**(Mega)나 **아두이노 듀에**(Due)는 아날로그와 디지털 입출력용 핀이 많아서 확장성이 높다(단, 가격이 더 비싸다).

처음 접하는 사람이라면 아두이노 우노로 충분하지만, 어느 정도 내용을 알고 있고 실력이 쌓여 더 복잡한 시스템에 흥미가 생긴다면 조금 더 등급이 높은 보드에 도전해 보는 것도 좋다. 보드의 기본적인 핀 배치나 사용 방법은 대부분 비슷하다.

보드에는 아날로그 입출력과 디지털 입출력이 가능한 핀이 있는데, 아두이노의 종류에 따라 핀의 수가 다르고, 전원의 기본 전압도 5V 또는 3.3V로 다르다.

그림 1-6에서 아두이노의 종류를 살펴보자. 표 1-1에 아두이노 종류에 따른 일부 사양을 정리했다.

그림 1-6 **아두이노의 종류(일부)**

아두이노 우노(Uno)   아두이노 레오나르도(Leonardo)   아두이노 프로(Pro)

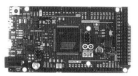

아두이노 메가 2560(Mega 2560)   아두이노 듀에(Due)

아두이노 사양	우노 R3	레오나르도	메가 2560	듀에	프로
마이크로프로세서	ATmega328	ATmega32u4	ATmega2560	AT91SAM3X8E	ATmega168/328
동작 전압	5V			3.3V	3.3V/5V
권장 입력 전압	7~12V				3.35~12V(3.3V) 5~12V(5V)
제한 입력 전압	6~20V				
디지털 입출력 포트의 수	14(그중 6번은 PWM 출력)	20	54(그중 15번은 PWM 출력)	54(그중 12번은 PWM 출력)	14(그중 6번은 PWM 출력)
PWM 채널	6	7	15	12	6
아날로그 입출력 포트의 수	6	12	16	입력: 12 출력: 2(DAC)	6
입출력 포트의 전류	40mA	40mA	40mA	130mA	40mA
공급 가능한 최대 전류	50mA	50mA	50mA	800mA	
플래시 메모리	32K(그중 0.5KB 는 부트로더용)	32K(그중 4KB 는 부트로더용)	256KB(그중 8KB 는 부트로더용)	512KB(사용자 프로그램용)	16KB(168) 32KB(328)
SRAM	2KB	2.5KB	8KB	96KB(2뱅크: 64KB·32KB)	1KB(168) 2KB(328)
EEPROM	1KB	1KB	4KB		512B(168) 1KB(328)
클록 주파수	16MHz	16MHz	16MHz	84MHz	8MHz(3.3V) 16MHz(5V)

2.4 아두이노의 확장성

아두이노는 핀 사양과 소프트웨어 사양 등이 규격화되어 있어서, 아두이노 위에 겹쳐서 사용하는 확장 보드도 많이 제작되어 판매되고 있다. 이 확장 보드를 **실드**라고 부른다. 실드는 아두이노의 입출력 포트에 간단히 연결할 수 있게 만들어진 보드로, 아두이노 개발팀에서 제작하여 판매하는 것부터 제삼자가 제작하여 판매하고 있는 것까지 여러 가지가 있다. 그림 1-7에 아두이노 실드 몇 가지를 정리했다.

그림 1-7 아두이노 실드의 예

이더넷 실드	XBee SD 실드	3G 실드
유선 네트워크에 접속 가능한 이더넷 실드	지역 센서 네트워크 구현이 가능한 XBee와 SD 메모리를 가진 확장 실드	통신사 네트워크를 이용할 수 있는 3G 통신 실드

이더넷 실드는 네트워크에 접속할 수 있게 해주는 모듈이다. 제일 오른쪽에 있는 3G 실드는 휴대전화 통신 방식인 3G 네트워크를 이용하는 통신기기를 탑재했다. 이 실드를 이용하면 인터넷에 접속할 수 있다. 이 외에도 간단하게 문자나 이미지를 표시할 수 있는 컬러 LCD 나 액정이 탑재된 실드도 있다. 이 실드들은 전부 예제 스케치를 제공하며, 예제 스케치는 인터넷에서 내려받아 사용할 수 있다.

무언가 개발하거나 시제품을 만들어 보려고 할 때 필요한 기능을 가진 실드를 인터넷에서 찾아 사용한다면 짧은 시간에 성능이 뛰어난 시스템을 개발할 수 있다.

2.5 오픈 소스 하드웨어와 아두이노의 보급

'오픈 소스'라는 말을 들었을 때 어느 정도 나이가 있는 독자라면 유닉스(Unix)나 리눅스 (Linux) 등을 떠올릴 것이다. 그런데 여기서 소개할 '하드웨어가 오픈 소스'라는 말은 처음 듣는 사람이 많으리라 생각한다. 오픈 소스 하드웨어는 '하드웨어의 회로도나 사양이 공개되어 있어서 자유롭게 수정하여 사용할 수 있는 것'이다. 덕분에 아두이노는 유사품이나 복제품이 많이 개발되어 판매되고 있다.

2010년 일본의 학연교육출판사에서도 잡지 《어른의 과학(大人の科学)》의 부록으로 Japanino라는 유사품을 주었고, 최근에는 루네사스의 마이컴 모듈을 탑재한 GR-SAKURA(일명 '사쿠라 보드')도 판매 중이다. GR-SAKURA는 아두이노 우노보다 속도가 빠른 고성능 마이컴 칩을 사용했고, 내부 메모리도 풍부하게 사용할 수 있다.

그림 1-8 Japanino(왼쪽), GR-SAKURA(가운데), Galileo(오른쪽)

인텔(Intel)에서도 아두이노와 호환할 수 있는 Galileo를 발표했다. 이렇게 오픈 소스 하드웨어 아두이노의 세계가 점점 더 넓어지고 있다.*

오픈 소스 하드웨어이다 보니 기업의 일반 기술자들이 아두이노를 사용하는 사례도 늘고 있다. 사용하기가 쉽고, 많은 부품을 간단히 연결해서 사용할 수 있다는 점이 바탕이 되기 때문이다. 대기업에서 신제품의 시제품 개발 현장에 사용하는 경우도 제법 있다. 전문이 아닌 기술을 협력 회사에 의뢰하는 것보다는 아두이노로 저렴하게 스스로 개발하는 것이 더 매력적이기 때문이다. 최근에는 생산할 제품이 수십에서 수백 개정도라면 생산 단계에서 아두이노 기술을 그대로 사용하여 제품화하는 기업도 있다. 이와 같은 틈새시장의 상품화에는 매우 효율적으로 원가를 절감할 수 있고 단기간에 개발할 수 있는 점이 장점으로 주목받고 있다. 이 외에도 일본 기업의 탄력성에 문제가 나타나 협력 회사로 업무 위탁이 어렵게 되자, 아두이노를 이용해 전문 분야가 아닌 기술자가 독자적으로 개발하는 사례로도 이어지고 있다.

2.6 새로운 제품 제작의 혁신

아두이노 같은 오픈 소스 하드웨어가 출현한 덕분에 누구나 저렴한 가격으로 간단히 전자 공작을 즐길 수 있게 됐다. 세계적으로는 제품 제작 현장이 점점 변해서 개인 발명가가 많이 탄생하기도 했다. 이를테면 화려한 LED 조명이나 특이한 제어 장치, 3D 프린터, 로봇 등을 개발하는 사람도 나타나고 있다. 더 나아가 창업가가 많이 나타나는 계기가 되기도 했다. 내 주변의 무언가를 편리하게 바꾸어나가는 제품이 적잖이 붐이 되어 지금 시기를 **제3차 산업혁명**이라고 부르기도 한다.

---

* 편집주 한국형 아두이노라 불리는 코코아팹의 오렌지보드도 있다.

최근에는 피지컬 컴퓨팅이라는 개념이 등장하여 생활환경에 따른 컴퓨터의 존재 방식(예를 들면 지금까지의 컴퓨터는 데스크탑이나 노트북처럼 '컴퓨터'라는 것이 하나로 존재했지만, 앞으로는 모든 사물에 컴퓨터가 내장되어 컴퓨터의 경계가 불분명해지는 것)을 연구하는 데도 아두이노가 널리 보급되었다.

> 여기서 말하는 피지컬 컴퓨팅이란 우리의 생활환경 속에 있는 센서 기술이나 액추에이터 기술, 더 나아가 인터넷 기술 등을 이용하여 새로운 기기를 만드는 연구를 하거나 교육하는 것을 말한다.

③ 아두이노의 특징과 장점

지금까지 소개했던 내용을 아두이노의 특징과 장점으로 나누어 다시 살펴보자.

■ 가격이 싸고 쉽게 구할 수 있다

아두이노 우노는 약 30,000원 정도에 살 수 있다. 학생들도 용돈을 모아 살 수 있는 가격이다. 인터넷 쇼핑몰에서도 살 수 있어서 전국 어디서든 쉽게 손에 넣을 수 있다.

■ 단기간에 개발할 수 있다

아두이노의 매력 중 하나가 단기간에 개발할 수 있다는 것이다. 브레드보드*와 점퍼 와이어를 사용해 납땜 없이 간단하게 전기회로를 구성할 수 있기 때문이다(브레드보드와 점퍼 와이어는 뒤에서 설명한다).

■ 기술의 문턱이 낮다

앞서 설명했듯이 전기 전자 기술을 잘 몰라도 되고, 간단한 프로그래밍(스케치)으로 개발할 수 있으며 확장과 변경도 간단하고 빠르게 할 수 있다.

---

* 역주 일명 '빵판'이라고도 한다.

■ 활용할 수 있는 자료가 풍부하다

인터넷에는 아두이노에 관한 정보가 풍부하다. 국내뿐만 아니라 해외에서도 누군가가 새로운 부품을 사용해서 연결해 본 사례를 프로그램과 함께 올려놓기도 한다. 어떤 사이트에는 동영상이 있기도 하니 참고하기에 좋다.

■ 저작권 침해 위험이 적다

사용할 수 있는 기술이 공개되어 있어서 저작권 침해 걱정이 적다. 자유롭게 가져다 쓸 수 있다(단, 대량 생산 판매일 때는 예외일 수 있다).

■ 시제품 개발에 효율적이고 빠르게 대응할 수 있다

아두이노는 시제품 개발에 사용하기 좋고 적은 수를 개발하거나 단기간만 사용할 제품을 개발하는 데도 빠르게 대응할 수 있다.

이 외에도 브레드보드와 점퍼 와이어는 여러 번 재활용할 수 있고, 쉽게 조립하고 응용할 수 있어서 교재로 사용하기 좋다는 점도 특징 중 하나이다.

교육 분야에서는 다음과 같이 이야기하는 교사도 있다.

- 하드웨어와 소프트웨어, 두 가지를 함께 활용하여 오감을 사용하는 교육 환경을 만들어줄 수 있다.
- 최첨단 기술을 배울 수 있고, 현재 사회가 필요로 하는 인재를 육성할 수 있다.
- 창조와 아이디어가 중요시되는 세상에 필요한 인재를 육성할 수 있다.

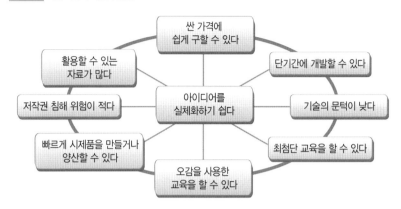

그림 1-9 **아두이노의 특징과 장점**

4 아두이노의 기능

이 절에서는 아두이노 우노의 기능을 소개한다. 우선 아두이노 우노의 하드웨어 구성을 먼저 살펴보고, 전자 부품 인터페이스를 간단히 설명한다. 더 나아가 통신 기술에 필요한 아날로그 입출력과 디지털 입출력, 그리고 시리얼 통신을 간단히 소개한다. 여기서 소개하는 내용은 중요하므로 읽다가 이해하기 어려운 부분이 있다면 학습하다가도 다시 돌아와서 읽어보며 충분히 이해하자.

4.1 아두이노 마이컴 보드

아두이노 보드 위에는 입출력 커넥터나 포트, LED 등 여러 가지가 배치되어 있다. 대표적인 것 몇 가지를 살펴보자.

그림 1-10 **아두이노 마이컴 보드 인터페이스(입출력) 구성도**

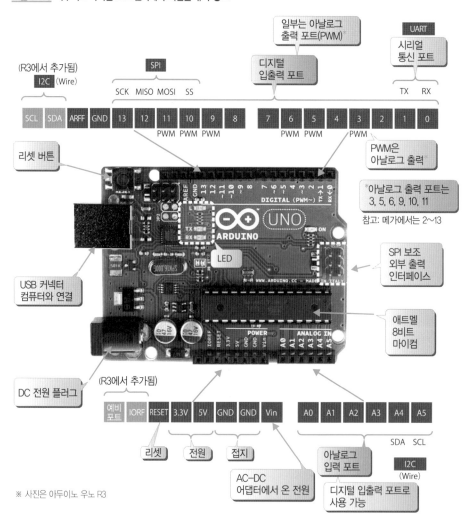

각 인터페이스에 관해서는 아두이노를 직접 다뤄 보며 익히면 되므로 지금은 살펴보기만 하고 필요할 때 참고하자.

4.2 아두이노의 인터페이스

아두이노 마이컴 보드의 각 인터페이스를 알아보자.

■ USB 전원 커넥터

컴퓨터의 USB나 5V USB 외부 전원을 연결한다. 컴퓨터와 연결하면 전원 공급이 되고, 시리얼 통신으로 컴퓨터에서 아두이노로 프로그램을 업로드하거나 데이터를 주고받을 수 있다.

■ 외부 전원 커넥터

전압이 7~12V인 외부 직류 전원을 연결한다. 컴퓨터 연결과 동시에 사용할 수 있다(권장하는 전압은 9V 정도).

■ LED 3개

L, TX, RX에 해당하는 LED 3개가 아두이노 로고 옆에 배치되어 있다. 자세한 설명은 나중에 하겠지만, 시리얼 통신을 할 때 켜지거나 꺼진다.

■ 아날로그 입력 포트

A0에서 A5까지 아날로그 입력 포트 6개가 있다. 이 포트는 디지털 입출력 포트 D14~D19로도 사용할 수 있다.

■ 아날로그 출력 포트

실제로는 PWM(펄스 폭 변조)을 사용해서 아날로그 신호를 출력하는 포트로, 포트 번호는 D3, D5, D6, D9, D10, D11이다.

■ 디지털 입출력 포트

D0에서 D13까지는 디지털 입출력 포트이다. 아날로그 입력 포트인 A0~A5도 디지털 입출력 포트 D14~D19로 사용할 수 있다. 이 포트 중 D0와 D1은 하드웨어 시리얼 통신을 할수 있고, 빠른 속도로 입출력을 할 수 있다.

■ 전원과 접지 포트

3.3V 또는 5V 전원과 접지 3개가 있다. 이외에 Vin 포트도 있는데, 이 포트를 사용하면 외부 전원을 바로 사용할 수 있다. DC(직류) 전원 커넥터와 같은 방법으로 7~12V 직류 전원을 꽂아 사용한다.

■ I2C와 SPI 포트

동기식 버스 시리얼 통신을 할 수 있는 포트로 전송 가능한 거리는 짧지만 빠른 속도로 통신할 수 있다. I2C 버스는 SCL(Serial Clock) 신호선과 양방향 SDA(Serial Data) 신호선, 총 2개의 신호선(접지 미포함)으로 통신한다. SPI 버스는 SCK(Serial Clock) 신호선과 단방향 SD0, SD1, 이렇게 총 3개의 신호선(접지 미포함)으로 통신한다.

■ UART(시리얼 통신) 포트

비동기 시리얼 통신(비동기 송수신 회로)을 하는 포트로, 아두이노와 컴퓨터 또는 다른 기기 간에 통신을 수행한다.

TIP

아두이노 우노에 전원을 공급하는 방법은 세 가지가 있다.

❶ USB 커넥터로 공급: 5V · 500mA
❷ DC(직류) 전원 플러그로 공급: 7~12V
❸ Vin에 DC 전원으로 공급: 7~12V

예를 들어 1번은 휴대전화 충전기, 2번과 3번은 9V 건전지이다. 연결할 때는 양극과 음극을 틀리지 않게 주의하자.

아두이노 준비

먼저 하드웨어와 소프트웨어를 준비하자. 하드웨어로는 마이컴 보드와 전자 부품 등을 준비하고, 소프트웨어로는 인터넷에서 통합 개발 환경(IDE)을 내려받아 둔다.

이 절에서는 앞으로 소개할 전자 부품을 포함해서 준비해야 할 것과 기본적으로 무엇을 알아야 하는지 살펴본다.

5.1 준비해야 할 전자 부품

앞으로 사용할 입력 부품인 센서, 출력 부품인 LED, LCD, 스피커 등을 간략히 알아보자(부록 A 참조).

- 아두이노 우노 R3

- USB 케이블(커넥터는 A−B타입)

- 표준 브레드보드(절반 크기 사용 가능)

- 점퍼 와이어(와이어 케이블, 점퍼 케이블, 간단히는 케이블이라고도 함)

- 입력 부품(광센서, 초음파 거리 센서, 가속도 센서, 온도 센서, 적외선 거리 센서, 택트 스위치 등)

- 출력 부품(LED, LCD, 스피커 등)

- 기타 전자 부품(저항, 가변저항 등)

그림 1-11 이 책에서 사용할 아두이노와 전자 부품

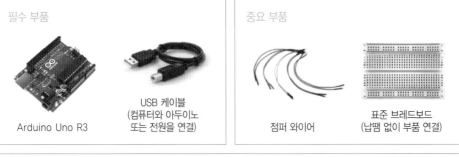

필수 부품

Arduino Uno R3

USB 케이블
(컴퓨터와 아두이노
또는 전원을 연결)

중요 부품

점퍼 와이어

표준 브레드보드
(납땜 없이 부품 연결)

마음대로 사도 되는 전자 부품

LED

광센서

가변저항

온도 센서

택트 스위치

I2C-LCD(액정 디스플레이)

저항
10K, 1K, 330Ω

3축 가속도 센서

적외선 거리 센서

압전 스피커(버저)

초음파 거리 센서

부품에 따라서는 납땜이 필요할 때도 있다. 납땜을 하려면 전기 인두기, 실납, 솔더링 페이스트, 인두기 스탠드, 납 흡입기 등이 필요하다.

> **TIP**
>
> 아두이노 관련 제품을 살 수 있는 사이트는 다음과 같다.*
> - 아두이노 관련: www.amazon.com, www.switch-science.com [일본어]
> - 전자 부품 관련: www.akizukidenshi.com [일본어]

---

* [역주] 우리나라에서는 옥션, 지마켓, 11번가 같은 오픈 마켓 사이트에서도 쉽게 아두이노를 구할 수 있고, 전자 부품은 엘레파츠(www.eleparts.co.kr)에서 대부분 구매할 수 있다. 또한, 디지키(www.digikey.kr), 아이씨뱅큐(www.icbanq.com), RS online(kr.rs-online.com) 등에서는 가격이 좀 비싸고 배송이 느리지만 한국에서 구할 수 없는 부품을 구할 수 있다. 부록 D에 아두이노 관련 제품을 구입할 수 있는 사이트를 정리해놓았다. 참고하기 바란다.

5.2 컴퓨터에 통합 개발 환경(IDE) 구축

IDE의 컴퓨터 권장 사양은 다음과 같다.

운영체제: 윈도 7 이상, 리눅스 32/64비트 또는 OS X 이상

너무 오래된 운영체제라도 IDE를 사용할 수는 있지만, 처리 속도가 느리고 프로그램을 실행할 때 오래 기다려야 할 수도 있다.

이 책에서는 윈도 운영체제를 기준으로 IDE 설치법과 조작법을 설명한다. 리눅스나 OS X에서도 IDE 화면 조작은 거의 같지만, 일부 표시 내용이 다를 수 있다. 따로 이를 설명하지는 않으니 양해 바란다.

5.3 무엇을 더 알아야 할까

아두이노를 시작할 때 프로그래밍을 잘 몰라도 괜찮다. 아두이노를 다뤄 보며 C언어를 배우면 된다. 또한, 소프트웨어를 바꿔 보며 하드웨어의 변화를 살펴보다 보면 자연히 실력이 늘게 된다. 소프트웨어를 배울 마음만 충분히 있다면 빠르게 배울 수 있다.

소프트웨어 개발 경험이 거의 없다면 2장과 3장의 내용으로 아두이노에서 사용하는 C언어를 확실히 이해해 보자.

그림 1-12 **아두이노를 사용하기 위한 준비와 알아야 할 내용**

통합 개발 환경 준비

통합 개발 환경(IDE)을 내려받아 아두이노를 사용할 수 있는 환경을 만들어 보자.

IDE는 무료 소프트웨어로, 아두이노 프로그램을 작성할 수 있고 작성한 프로그램을 아두이노에 업로드할 수 있다. 또한, 프로그램 수정(디버깅)이나 아두이노로 키 입력 전송 및 출력 모니터링 등의 시리얼 통신도 할 수 있다. 한국어판도 있고 업데이트도 무료로 제공된다.

그림 1-13 **통합 개발 환경(IDE) 구축 순서**

지금부터 차례차례 따라 하여 설치해 보자.

6.1 통합 개발 환경 다운로드

아두이노 홈페이지(www.arduino.cc)에 접속하여 메뉴에 있는 Download를 누르면 Download the Arduino Software 페이지로 이동한다.

그림 1-14 아두이노 홈페이지

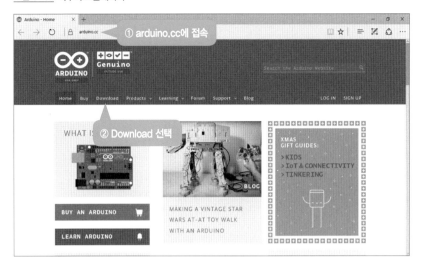

다운로드 페이지로 이동하면 왼쪽에는 버전이 표시되어 있고, 오른쪽에 있는 Windows Installer, Windows ZIP files, Mac OS X 등을 눌러 설치 파일을 내려받을 수 있다. 자신의 운영체제에 맞는 버전을 눌러 다음 페이지로 이동한다.

그림 1-15 아두이노 다운로드 페이지

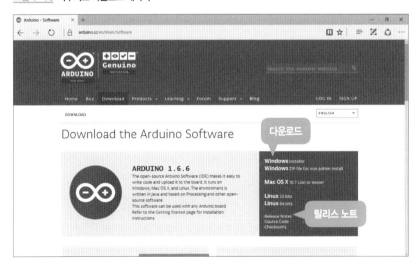

기부하고 내려받으려면 CONTRIBUTE & DOWNLOAD를 누르고, 그냥 내려받으려면 JUST DOWNLOAD를 누르면 된다.

그림 1-16 **아두이노 다운로드 화면**

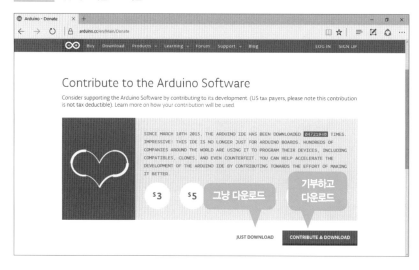

6.2 통합 개발 환경 설치

계속해서 설치 파일을 눌러 IDE를 설치한다.

그림 1-17 **아두이노 IDE 설치 파일**

설치 파일을 누르고 I Agree를 눌러 약관에 동의한 후 Next, Install을 눌러 설치를 시작한다.
설치가 완료되면 실행해서 메뉴를 살펴보자.

6.3 통합 개발 환경의 메뉴

IDE의 메뉴와 기능 중에서 자주 사용하는 것만 추려서 설명한다.

IDE를 실행하면 그림 1-18과 같은 화면이 나타난다. 그림에 나와 있는 번호순으로 하나씩 살펴보자.

그림 1-18 IDE 실행 화면

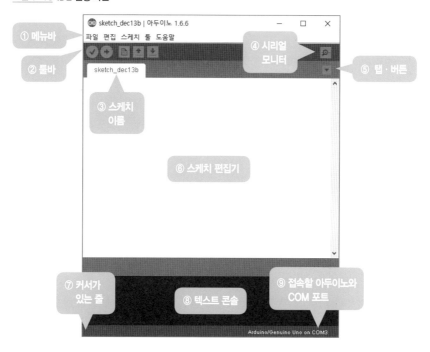

① 메뉴바

메뉴바에는 파일, 편집, 스케치, 툴, 도움말 메뉴가 있다.

그림 1-19는 '파일' 메뉴이다. 파일 메뉴는 이미 만들어져 있는 프로그램(스케치)을 불러올 때 특히 자주 사용한다. 또한, 예제 메뉴를 누르면 라이브러리로 준비된 스케치를 불러올 수도 있으니 꼭 사용해 보자. 그 외에도 새로 만든 스케치를 저장할 때 사용하는 '다른 이름으로 저장' 메뉴 등이 있다.

그림 1-19 **IDE의 파일 메뉴**

새 파일	Ctrl+N
열기...	Ctrl+O
최근 파일 열기	▶
스케치북	▶
예제	▶
닫기	Ctrl+W
저장	Ctrl+S
다른 이름으로 저장...	Ctrl+Shift+S
페이지 설정	Ctrl+Shift+P
인쇄	Ctrl+P
환경설정	Ctrl+Comma
종료	Ctrl+Q

그림 1-20은 IDE의 '툴' 메뉴다.

그림 1-20 **IDE의 툴 메뉴**

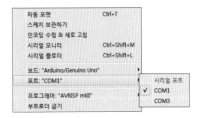

제일 위에 있는 '자동 포맷' 메뉴는 편집 중인 스케치(프로그램)의 들여쓰기를 자동으로 조정해주는 편리한 기능이다.

'보드' 메뉴는 사용할 마이컴 보드를 설정한다. 처음 실행하면 제일 위에 있는 Arduino/ Genuino Uno가 선택되어 있다.

바로 밑에 있는 '포트' 메뉴에는 컴퓨터와 연결하는 데 사용할 COM 번호가 표시되어 있다.

컴퓨터와 USB로 연결된 기기가 여러 개 있을 때는 여러 개가 표시된다. 어느 것이 연결할 아두이노의 COM 번호인지 알아보는 방법은 뒤에서 설명한다.

'도움말' 메뉴는 아두이노 홈페이지(arduino.cc)에 있는 각 영문 페이지로 연결된다.

2 툴바

툴바의 각 버튼은 그림 1-21을 참고하자. 툴바에서 특히 자주 사용하는 버튼은 확인 버튼과 업로드 버튼이다. 이 버튼들은 메뉴바에도 포함되어 있다.

그림 1-21 **툴바**

3 스케치 이름

IDE를 처음 시작했을 때나 새 스케치를 열었을 때 스케치 이름은 sketch_*****로 표시된다. *****에는 오늘 날짜(예를 들면 sep18)와 만들어진 순서에 따라 알파벳이 a부터 z까지 순서대로 들어간다. 예를 들어 9월 18일에 IDE를 처음 열면 스케치 이름은 sketch_sep18a가 된다.

4 시리얼 모니터

시리얼 모니터에는 컴퓨터와 아두이노가 USB를 통해 수행하는 시리얼 통신이 표시된다. 시리얼 모니터를 사용할 때는 아두이노의 D0와 D1 포트를 사용할 수 없다. 시리얼 모니터는 7.5절에서 다시 알아보자.

5 탭 버튼

스케치는 때에 따라 파일 여러 개를 함께 사용하기도 한다. 이를테면 화면 표시에 관한 내용과 입력된 센서 값을 처리하는 내용을 각각 다른 파일에 나누어 작성하는 것이 관리하기 편하므로 이렇게 각각 다른 파일에 나누어 작성하기도 한다. 이처럼 탭 버튼은 파일 여러 개로 구성된 스케치를 다룰 때 사용한다. 이때 각각의 파일이 탭에 표시된다. 이 탭 화면은 7.2절에서 설명한다.

6 스케치 편집기

스케치 편집기에서 프로그램(스케치)을 작성하고 수정한다. 편집기 화면에서는 복사와 붙여넣기도 가능하다. 글씨 크기 등은 파일 〉 환경 설정 메뉴에서 바꿀 수 있다.

7 커서가 있는 줄

스케치 편집기 안에 현재 커서가 있는 줄을 표시한다. 오류가 생긴 줄 번호를 찾아갈 때 주로 사용한다.

8 텍스트 콘솔

텍스트 콘솔에는 컴파일 내용이나 컴퓨터에 접속했을 때 발생하는 오류 등이 표시된다. 참고로 오류는 영문으로 표시되는데, 최신 버전에서 몇몇 오류는 한국어로 표시되기도 한다.

9 접속할 아두이노와 COM 포트

여기에는 접속할 아두이노의 종류와 그때 사용하는 COM 포트 번호가 표시된다.

6.4 컴퓨터와 아두이노를 연결하기 위한 드라이버 설정과 확인

아두이노를 USB로 컴퓨터와 연결해서 사용하려면 컴퓨터에 아두이노 드라이버를 설치해야 한다. 아두이노를 컴퓨터에 처음 연결할 때 드라이버를 설치할 수 있다.

우선 장치 관리자 화면을 열어 보자. 장치 관리자는 운영체제 버전에 따라 다르므로 인터넷에 '장치 관리자 여는 방법'을 검색해서 참고하자.

그림 1-22를 보면 이미 포트(COM & LPT)에 Arduino Uno(Com3)라고 표시되어 있으니 드라이버가 제대로 설치된 상태다.

그림 1-22 장치 관리자에서 아두이노 COM 포트 번호 확인하기

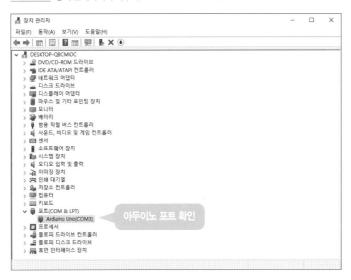

아두이노 드라이버를 설치하려면 아두이노가 설치된 폴더에 있는 drivers 폴더에서 Arduino. inf 파일을 더블클릭하여 설치하면 된다.

7 아두이노를 효율적으로 공부하자

이 절에서는 아두이노를 좀 더 효율적으로 공부하기 위한 내용을 정리하므로 가볍게 훑고만 지나가도 좋다.

먼저 아두이노로 무엇을 할 수 있고 무엇을 만들지, 아두이노를 시스템으로 놓고 생각해 보자. 먼저 이 시스템을 간단히 설명한다.

다음으로 아두이노를 공부하는 데 필요한 두 단계를 소개한다. 첫 번째 단계는 준비 단계로, 아두이노를 시작할 때 필요한 내용이다. 두 번째 단계는 실천 단계로, 아두이노와 IDE를 사용하고 전자 부품을 조립해가며 공부할 때 필요한 내용이다.

이 외에도 아두이노의 사용 순서와 아두이노를 빠르게 공부하는 방법도 살펴본다.

7.1 아두이노를 시스템으로 놓고 이해하기

그림 1-23에 나와 있듯이 시스템은 입력, 처리, 출력, 이렇게 세 가지로 구성된다.

아두이노도 시스템의 한 종류로 생각해서 입력, 처리, 출력으로 나누어 생각할 수 있다. 센서와 같은 입력 기기로 들어온 데이터 값을 받아 아두이노에 입력하고, 액추에이터(모터 등) 같은 출력 기기로 출력할 수 있다. 센서는 환경 변화를 입력받아 그에 해당하는 값을 출력한다. 액추에이터는 전원이나 제어 값을 아두이노에서 입력받아 작동(예를 들면 모터가 움직인다든가 LED의 불이 켜진다든가 하는 것)하는 것으로 출력한다.

그림 1-23 **시스템 = 입력 + 처리 + 출력**

아두이노는 전자 부품의 아날로그나 디지털 신호를 입출력 포트에 연결하고 프로그램으로 작동시킨다. 좀 더 구체적으로 살펴보자면, 아두이노는 신호를 이용해 전자 부품 사이에서 통신하고 전원을 공급하는 역할을 한다.

2장부터는 아두이노를 간단히 이해한 후에 무엇이 입력이고 무엇이 출력인지를 알아채는 것이 포인트다. 입출력 사이에서 처리를 담당하는 것이 프로그래밍이고, 프로그래밍은 입력과 출력을 연결해준다.

각각 다른 시스템에서 입력과 출력을 서로 다르게 받아들일 때가 있다. 예를 들면 센서에서 읽어 들인 값은 센서 쪽에서는 '출력'이 되지만, 아두이노 쪽에서는 값을 받아들이는 '입력'이 된다.

아두이노의 입출력 처리에는 디지털 입출력을 이용한 통신과 아날로그 입출력을 이용한 통신, 디지털 통신을 이용하는 시리얼 통신이 있다. 이 중 시리얼 통신은 동기식인 SPI와 I2C 통신, 비동기식인 UART 통신, 이렇게 총 세 가지가 있다(74쪽의 그림 2-13 참조).

사용 목적에 따라 이 세 가지 방법을 이해하고 아두이노를 사용하자.

7.2 아두이노를 공부하는 두 단계

아두이노를 공부할 때 공부 단계를 두 단계로 나누면 이해하기 더 쉬워진다. 첫 번째 단계는 준비 단계로, 직접 해 보기 전에 필요한 내용을 공부한다. 두 번째 단계는 실천 단계로, 작업을 반복하여 숙련도를 늘리고 수행하는 데 필요한 내용을 직접 찾아보며 공부한다(그림 1-24).

그림 1-24 **아두이노 공부의 개요**

그럼 두 단계에서 필요한 내용을 정리해 보자.

■ 준비 단계에서 필요한 내용

준비 단계에서 필요한 것은 다음과 같다(이들은 1장과 2장에서 소개한다).

- 아두이노와 전자 부품 구매하기(인터넷 등에서)
- 컴퓨터에 IDE 설치하고 사용법 배우기
- 브레드보드와 점퍼 와이어 사용법 배우기

■ 실천 단계에서 필요한 내용

실천 단계에서 필요한 것은 다음과 같다(이들은 각 장에서 소개하고 있으니 미리 읽어 보거나 뒷장을 읽다가 다시 돌아와 확인하면서 내용을 익히도록 하자).

- 하드웨어 배우기(2장)
  - 컴퓨터와 아두이노 연결하는 방법 배우기
  - 아두이노와 전자 부품 연결 방법과 배선 방법 배우기

- 소프트웨어 배우기(3장)

  - C언어의 기본 문법과 함수 배우기

  - 프로그램으로 제어하는 방법 배우기

- 시스템 배우기(4장, 5장)

  - 시스템의 구성 이해하기(입력, 처리, 출력)

  - 입력 부품의 구조와 동작 원리 배우기

  - 출력 부품의 구조와 동작 원리 배우기

- 아두이노의 인터페이스 배우기(4장, 5장, 6장)

  - 아날로그 입출력 배우기(PWM 배우기)

  - 디지털 입출력 배우기

  - 시리얼 통신 배우기

- 그 외에 알아두어야 할 내용(7장)

  - 전기 전자 지식을 어느 정도 습득하기

  - 문제가 발생했을 때 필요한 해결책 배우기

- 아두이노 없이 아두이노 예제 실습하는 방법(8장)

  - Autodesk 123D Circuits 활용법 배우기

그림 1-25 **아두이노 공부의 전체 그림**

7.3 아두이노 사용 순서

아두이노 사용 순서를 정리해 보자. 다음 내용은 4장에 나올 조작 순서이다.

① 아두이노에 전자 부품 연결

아두이노와 브레드보드, 점퍼 와이어를 사용해서 전자 부품을 연결한다.

② IDE에서 스케치 준비

새로운 스케치를 만들거나 이미 만들어놓은 스케치를 불러온다.

③ 스케치 컴파일과 업로드

아두이노와 컴퓨터를 USB로 연결하고, 컴퓨터에서 작성한 스케치를 컴파일하여 아두이노에 업로드한다.

④ 아두이노에서 실행

아두이노에 스케치가 업로드되면 자동으로 스케치가 실행된다.

7.4 공부 속도를 더 빠르게 하기

요즘은 인터넷에서 정보를 많이 얻을 수 있다. 아두이노 기술 정보도 인터넷에 좋은 것이 많으니 최대한 활용해 보자. 이 과정에서 중요한 것은 잘못된 정보에 허비하는 시간을 최대한 줄이고, 짧은 시간 안에 얼마나 효율적으로 유익한 정보를 얻느냐이다.

영문 사이트에도 좋은 정보가 많으니 영어에 능숙한 독자라면 찾아서 활용하기 바란다. 다른 사이트는 몰라도 아두이노 홈페이지(www.arduino.cc)에 최신 버전 IDE나 지원 정보가 가끔 올라오니 종종 들어가 보도록 하자.

7.5 아두이노에 빠르게 능숙해지기

단기간에 아두이노를 능숙하게 다루려면 많은 예제를 직접 실행해 보고, 실제로 동작시켜 보며 그에 필요한 기술적인 내용을 기억해야 한다. 이 과정은 이어서 소개하는 네 단계의 반복이다(그림 1-26).

① 아두이노와 전자 부품을 조립하여 연결(배선)하기

② 컴퓨터의 IDE로 예제 스케치를 불러오기

③ 스케치를 컴파일한 후 아두이노에 업로드하고 실행하여 결과 분석하기

④ 스케치 일부를 수정하여 새로운 동작을 확인하기

새로운 스케치를 만들었을 때 한 번에 생각했던 대로 실행되는 경우는 드물다. 많은 사람이 스케치를 수정해 보고 다시 처음으로 돌아가 실행해 보고 하는 과정을 반복한다.

스케치 수정뿐만 아니라 부품 구성 방법에 따라 더욱 복잡한 것도 만들 수 있다. 예를 들면 광센서로 측정한 값을 이용해 LED를 켜거나 끌 수 있고, 적외선 거리 센서와 연동하여 스피커의 소리를 변하게 할 수도 있다.

그림 1-26 아두이노를 배우는 단계

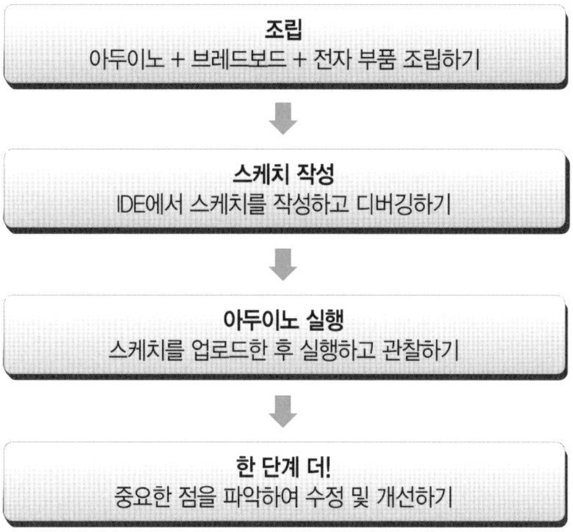

> **조립**
> 아두이노 + 브레드보드 + 전자 부품 조립하기

> **스케치 작성**
> IDE에서 스케치를 작성하고 디버깅하기

> **아두이노 실행**
> 스케치를 업로드한 후 실행하고 관찰하기

> **한 단계 더!**
> 중요한 점을 파악하여 수정 및 개선하기

아두이노를 작동해 보자

브레드보드로 LED와 저항을 연결하는 예제

2장에서는 아두이노로 무언가를 작동해 보자. IDE에 미리 준비된 예제 스케치를 불러와서 아두이노에 업로드한 후 실행해 볼 것이다.

이어서 스케치의 내용을 살펴보고 프로그래밍이란 무엇인지 알아본다. 우선 프로그래밍의 기본 내용인 **주석, 변수, 함수** 등을 이해해가며 그 **처리의 흐름**을 따라가 본다.

소프트웨어 개발 경험이 있는 독자는 알고 있는 내용과 아두이노 프로그래밍의 차이점을 주의하며 읽으면 좋고, 개발 경험이 없는 독자는 프로그램에 작성된 용어의 뜻과 처리의 흐름을 이해할 수 있도록 해 보자.

아두이노와 소프트웨어 개발 경험이 거의 없는 사람은 2장의 설명을 따라 아두이노를 작동해 보는 것만으로도 아두이노가 얼마나 간단한지 이해할 수 있다. 뿐만 아니라 2장의 내용을 이해했다면 다음 3장과 4장을 공부할 준비도 끝난 것이다.

2장 전반부에서 필요한 것은 IDE가 설치된 컴퓨터와 아두이노를 USB 케이블로 연결하는 것뿐이다. 후반부에서는 전반부에서 준비한 내용을 바탕으로 브레드보드와 점퍼 와이어 사용법 등을 배운다. 더 나아가 아두이노와 전자 부품 사이의 통신 기초도 소개한다.

① 컴퓨터와 아두이노를 USB 케이블로 연결할 때 주의할 점

장치 드라이버 설정은 1.6.4절에서 설명했다. 컴퓨터에 아두이노 드라이버를 설치했다면 USB 케이블로 컴퓨터와 아두이노를 연결할 수 있고, 메뉴바에서 툴 > 포트: "COM*" 메뉴를 선택해 아두이노를 인식할 수 있다.

그림 2-1 아두이노 시리얼 포트(COM 인식) 메뉴

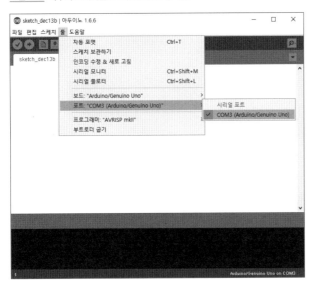

그림 2-1처럼 아두이노 COM 번호를 선택해서 컴퓨터와 아두이노를 연결한다. COM 번호가 여러 개 표시될 때는 그림 1-22에서 설명했듯이, 장치 관리자 화면에서 아두이노의 COM 번호가 어떤 것인지 확인한 후 연결하면 된다. 다른 방법으로는 일단 컴퓨터와 아두이노의 연결을 끊어서 어떤 포트가 없어지는지 확인한 후, 다시 아두이노를 연결하여 어떤 포트 번호가 추가되는지 확인해도 된다.

USB 케이블을 연결할 때는 아두이노의 디지털 입출력 포트 D0이나 D1을 사용하는 전자 부품이나 확장 보드를 미리 떼어놓아야 한다. 이들은 소프트웨어 업로드가 끝난 후에 연결하자. 혹시라도 연결해놓은 채로 USB 연결을 통해 컴퓨터와 아두이노 간의 시리얼 통신(D0이나 D1을 사용)을 하려고 하면 IDE에 다음과 같은 오류가 발생한다. 이 오류는 초보자들이 많이 보는 오류 중 하나이다.

```
avrdude: stk500_getsync(): not in sync: resp=0x00
```

지금부터 예제 스케치를 통해 아두이노의 동작법을 구체적으로 배워 보자.

첫 예제는 아두이노에 전자 부품을 조립하거나 선을 연결할 필요가 전혀 없다. 스케치 또한 IDE에 미리 준비된 예제를 사용한다.

2.1 스케치 작성하기(스케치 예제 불러오기)

우선 컴퓨터에서 아두이노 IDE를 실행하고, 그림 2-2처럼 파일 > 예제 > 01. Basics > Blink 메뉴를 선택하여 스케치 예제 Blink를 불러온다.

그림 2-2 **스케치 예제 Blink를 불러온다**

예제를 불러오면 그림 2-3처럼 Blink 탭이 나타나고, 스케치 편집기에는 소스 코드가 표시된다. 스케치 2-1에 소스 코드의 내용을 간단히 설명했다.

그림 2-3 **스케치 예제 Blink.ino**

스케치 2-1 **스케치 예제 Blink.ino**

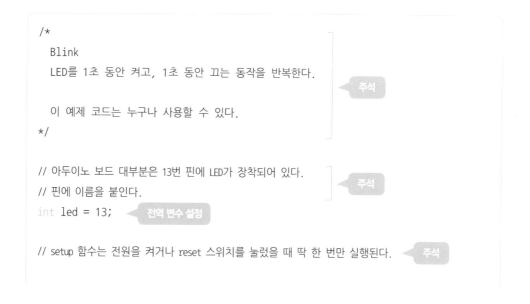

```
/*
  Blink
  LED를 1초 동안 켜고, 1초 동안 끄는 동작을 반복한다.

  이 예제 코드는 누구나 사용할 수 있다.
*/

// 아두이노 보드 대부분은 13번 핀에 LED가 장착되어 있다.
// 핀에 이름을 붙인다.
int led = 13;

// setup 함수는 전원을 켜거나 reset 스위치를 눌렀을 때 딱 한 번만 실행된다.
```

(주석)
(주석)
(전역 변수 설정)
(주석)

※ 편집주 예제 스케치의 주석은 원래 영문으로 작성되어 있다. 책에는 편의상 번역하여 실었다.

```
void setup() {
  // 디지털 핀을 출력 모드로 초기화한다.
  pinMode(led, OUTPUT);
}
```

초기 설정 함수

주석

```
// loop 함수는 계속 반복해서 실행된다.
void loop() {
  digitalWrite(led, HIGH);    // LED를 켠다(HIGH는 전압의 높낮이).
  delay(1000);                // 1초 동안 기다린다.
  digitalWrite(led, LOW);     // 전압을 LOW로 바꿔 LED를 끈다.
  delay(1000);                // 1초 동안 기다린다.
}
```

반복 함수

주석

스케치 2-2 IDE 최신 버전의 스케치 예제 Blink.ino*

```
/*
  Blink
  LED를 1초 동안 켜고, 1초 동안 끄는 동작을 반복한다.

  대부분의 아두이노는 사용자가 컨트롤할 수 있는 LED를 갖고 있다.
  우노와 레오나르도 보드는 디지털 13번 핀에 LED가 장착되어 있다.
  가지고 있는 모델의 몇 번 핀에 LED가 연결되어 있는지 불명확하다면
  http://www.arduino.cc에서 관련 문서를 찾아보기 바란다.

  이 예제 코드는 누구나 사용할 수 있다.

  수정일: 2014년 5월 8일
  스콧 피츠제랄드
*/

// setup 함수는 전원을 켜거나 reset 스위치를 눌렀을 때 딱 한 번만 실행된다.
void setup() {
  // 디지털 13번 핀을 출력 모드로 초기화한다.
```

---

* **역주** Blink 예제가 조금 수정되었다. IDE 최신 버전에서 Blink 예제를 불러오면 스케치 2-2와 같은 코드를 볼 수 있으니 참고하기 바란다.

```
    pinMode(13, OUTPUT);
}


// loop 함수는 계속 반복해서 실행된다.
void loop() {
  digitalWrite(13, HIGH);       // LED를 켠다(HIGH는 전압의 높낮이).
  delay(1000);                  // 1초 동안 기다린다.
  digitalWrite(13, LOW);        // 전압을 LOW로 바꿔 LED를 끈다.
  delay(1000);                  // 1초 동안 기다린다.
}
```

2.2 아두이노 실행하기(스케치를 컴파일하여 업로드하고 실행하기)

다음으로 불러온 스케치를 컴파일하고 아두이노에 업로드해 보자.

스케치 예제 Blink.ino(ino는 아두이노 프로그램 소스 코드의 확장자)를 불러온 상태에서 그림 2-4처럼 툴바에 있는 오른쪽 화살표 아이콘(◉)을 누르면 된다. 그러면 스케치를 컴파일하여 아두이노 보드로 업로드하기 시작한다.

그림 2-4 **스케치를 컴파일하고 업로드하는 아이콘 클릭**

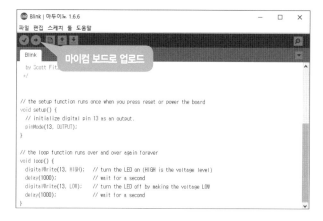

아두이노에 업로드가 진행되는 동안에는 아두이노에 있는 LED 3개가 깜빡이는데, 이는 앞서 말했듯이 디지털 입출력 포트 D0와 D1을 사용해 시리얼 통신을 하는 것으로 업로드 통신 상태임을 나타낸다.

업로드가 끝나면 아두이노의 LED에 무슨 일이 일어나는지 주의 깊게 살펴보자(그림 2-5). LED 중에서 L이 1초 동안 켜졌다가 1초 동안 꺼지는 것이 반복되면 Blink(깜빡임) 예제는 성공한 것이다.

그림 2-5 **아두이노에 있는 LED 3개**

이렇게 Blink 예제는 컴퓨터와 아두이노, USB 케이블만 있으면 작동시킬 수 있는 간단한 예제로 다른 전자 부품은 하나도 필요 없다.

2.3 한 단계 더! ① 예제 스케치를 이해해 보자

이제 스케치 2-1의 내용을 이해해 보자. 기본적으로 프로그램의 컴파일이나 **실행 처리의 흐름은 위에서 아래로 진행**된다. 내용을 이해하기 전에 이 점을 먼저 염두에 두길 바란다. 단, 3장에서 설명할 제어 구문을 사용하면 처리를 반복하거나 중간에 건너뛸 수 있다.

■ 주석

이 예제 스케치에는 **주석**이 많이 있다. 주석은 프로그램 실행에 아무런 영향도 주지 않으며 컴파일할 때 무시된다. 주석은 사람이 소스 코드를 읽을 때 스케치 내용을 파악하기 쉽게 하려고 작성한다. 주석을 여러 줄로 작성하려면 /*와 */ 사이에 내용을 쓰고, 한 줄로 작성하려면 //를 쓴다. 그리고 주석에는 알파벳뿐만 아니라 2바이트 코드인 한글도 쓸 수도 있다.

스케치 2-1에서 주석을 빼고 실제로 실행되는 부분만 작성하면 스케치 2-3과 같다. 이것이 실제로 아두이노에 업로드되는 스케치이다.

```
int led = 13;
void setup() {
  pinMode(led, OUTPUT);          ◄── setup 함수
}
void loop() {
  digitalWrite(led, HIGH);
  delay(1000);                    ◄── loop 함수
  digitalWrite(led, LOW);
  delay(1000);
}
```

■ 변수 선언(변수 정의와 초기 설정)

이제 간단해진 스케치의 내용을 살펴보자.

```
int led = 13;
```

먼저 첫 번째 줄이 의미하는 바를 살펴보자. led(**변수명**)는 int 형(**정수형**)이고 led의 초깃값은 13이다. int는 2바이트 정수형을 의미하고, led(임의 영문 표기)는 변수 이름이다. 그다음 = 13은 초깃값을 설정하는 부분인데, =을 이용해 초깃값을 13으로 설정했다. 다시 말해 =은 '오른쪽에 있는 값을 왼쪽 변수에 할당'한다. 마지막으로 ;(세미콜론)은 구문을 끝낸다는 것을 의미한다.

변수 led는 나중에 설명할 **setup 함수**와 **loop 함수** 바깥에 정의되어 있는 변수로, 이렇게 함수 바깥에 정의된 변수를 전역 변수라고 한다. 전역 변수는 모든 함수에서 사용할 수 있으며 이 예제에서는 setup 함수와 loop 함수 양쪽 모두에서 사용하고 있다.

변수 선언 **변수를 선언하는 구문**
데이터형 변수명 = 초깃값;   // 초깃값이 있을 때
데이터형 변수명;   // 초깃값이 없을 때

앞에서 본 예제에는 초깃값이 있었지만, 초깃값 없이도 전역 변수를 선언할 수 있다.

int의 의미를 자세히 알아보자. int는 2바이트(16비트) 정수형으로 값의 범위는 −32,768~ 32,767이며 **부호를 가진다**. 다른 데이터형도 따로 설명하겠다.

led = 13은 디지털 입출력 포트 D13(13번 핀)을 사용하기 위해 선언한 것이다. 아두이노는 L이라는 LED가 13번 핀에 이미 연결되어 있어서 따로 LED를 연결할 필요가 없다. 물론 13 번 핀에 별도로 LED를 연결해서 사용할 수도 있다. LED의 플러스(+, LED의 다리가 긴 쪽 이 양극)를 13번 핀에 연결하고, 그 옆에 있는 GND에 마이너스(−, LED의 다리가 짧은 쪽 이 음극)를 연결하면 된다.

■ 초기 설정 함수 setup(함수 정의)

초기 설정 함수 setup을 알아보자.

스케치 2-4 **Blink의 setup 함수**

```
void setup() {          매개변수 없음
    // 디지털 핀을 출력 모드로 초기화한다.
    pinMode(led, OUTPUT);          초기 설정 함수
}
```

setup 함수를 설명하기 전에 **함수를 정의하는 방법**을 먼저 알아보자.

함수는 보통 **데이터형, 함수명, 소괄호**(( ))로 싸여 있는 **매개변수**(여러 개일 수 있음), 그리고 **중 괄호**({ })로 싸여 있는 **처리 부분**으로 구성된다.

함수(절차 함수 포함) 정의

```
데이터형 함수명(매개변수) {
    처리 부분;
}
```

절차 함수는 3장에서 설명한다. setup 함수는 '초기 설정을 수행하는 함수'이다. 여기서는 데이터형을 void로 선언했으니 반환 값이 없다. setup( )을 보면 소괄호 안에 아무것도 없 는데, 이는 매개변수가 없는 것이다. 반환 값은 뒤이어 설명한다.

※ 필수 함수

```
void setup() {
    처리 부분;
}
```

setup 함수는 처리 부분에 아무것도 없더라도 반드시 선언해야 하는 함수로, 아두이노를 켰을 때 제일 먼저 딱 한 번 실행되는 함수이다.

■ 디지털 입출력 설정 함수 pinMode(함수 사용)

setup 함수 안에 있는 pinMode 함수를 살펴보자.

이 예제에서 처리 구문으로 사용되는 것은 pinMode(led, OUTPUT);뿐이다. pinMode 함수는 아두이노에 미리 선언되어 있는 함수로, **내장 함수**(혹은 시스템 함수)라고 부른다. 전역 변수 led와 **내장 변수(시스템 변수)** OUTPUT은 pinMode 함수의 **매개변수**로 사용된다. 이때 시스템 변수 OUTPUT은 편집기 안에서 색이 바뀌므로 알아보기가 쉽다.

함수의 반환 값을 사용할 때

변수 = 함수(매개변수);

함수의 반환 값을 사용하지 않거나 반환 값이 없을 때

함수(매개변수);

함수는 반환(return) 값이 있는 것과 없는 것이 있다. 반환 값이 없으면 데이터형을 void로 선언하고, 이를 절차 함수 혹은 프로시저라고 부른다. 반환 값이 있는 함수는 반환 값을 사용하여 계산식에 집어넣거나 매개변수로 넘겨서 사용하고, 반환 값을 무시하고 사용하지 않을 수도 있다.

여기서 pinMode(led, OUTPUT);은 반환 값이 없는 함수(절차 함수)이고, 'led 핀 번호를 디지털 출력(OUTPUT)으로 사용한다'는 의미이다. 다시 말해 led 핀 번호에는 출력 부품(LED, 스피커, 모터 등)을 사용하겠다고 선언한 것이다.

■ **반복 함수 loop**

loop 함수도 setup 함수처럼 void로 선언하고 매개변수가 없다. 또한, loop 함수도 setup 함수처럼 필수 함수이므로 반복 작업이 없어도 반드시 정의해야 한다.

스케치 2-5 Blink의 loop 함수

```
void loop() {
  digitalWrite(led, HIGH);    // LED를 켠다(HIGH는 전압의 높낮이).
  delay(1000);                // 1초 동안 기다린다.
  digitalWrite(led, LOW);     // 전압을 LOW로 바꿔 LED를 끈다.
  delay(1000);                // 1초 동안 기다린다.
}
```

> 반복 함수

loop 함수는 **반복 함수**이다. 따라서 아두이노가 작동하는 동안에는 loop 안에 작성된 내용을 계속 반복한다(끝없이 반복하는 것을 **무한 루프**라고 한다).

`반복 함수` ※ **필수 함수**
```
void loop() {
  처리 부분;
}
```

■ **디지털 출력 함수 digitalWrite와 대기 함수 delay(기능 소개)**

loop 함수 안에 쓰여 있는 내용을 살펴보자(스케치 2-5 참고).

첫 번째 줄에 있는 digitalWrite(led, HIGH);는 내장 함수이고, 매개변수로 led 핀 번호에 HIGH(디지털 신호가 있는 상태, 내장 변수)를 설정하는 디지털 출력이다.

다음으로 delay(1000);은 대기 함수이고, 매개변수 1000은 밀리초(ms) 단위이다. 따라서 이 함수는 1000밀리초 동안 대기, 즉 1초 동안 대기하라는 명령이다. 이 두 줄로 디지털 출력(led 핀 번호가 HIGH인 상태)을 1초 동안 유지한다.

세 번째 줄 digitalWrite(led, LOW);는 첫 번째 줄의 HIGH가 LOW(디지털 신호가 없는 상태, 시스템 변수)로 바뀐 것뿐이고, 네 번째 줄의 delay(1000);과 함께 디지털 출력(led 핀 번호가 LOW인 상태)을 1초 동안 유지한다.

지금까지 사용된 HIGH와 LOW는 아두이노에 내장된 변수(내장 변수)이다.

지금까지 살펴본 내용을 정리하자면, 반복 함수 loop에서는 13번 핀에 연결된 LED가 1초 동안 켜졌다가 1초 동안 꺼지는 상태를 반복해서 수행한다(그림 2-6).

그림 2-6 digitalWrite 함수와 delay 함수의 처리

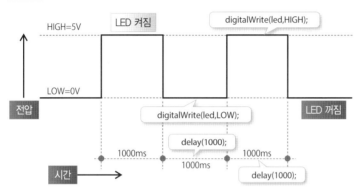

그림 2-6에 있는 HIGH의 전압*은 5V에 가까운 값이고, LOW의 전압은 0V에 가까운 값이다. 하지만 내장 변수의 값은 HIGH = 1, LOW = 0이므로 착각하지 않도록 주의한다.

■ 프로그램의 흐름을 순서도로 확인하기

프로그램의 흐름을 순서도(flowchart, 플로 차트)로 도식화해서 살펴보자.

순서도는 프로그램의 흐름을 알기 쉽게 그림으로 표현해놓은 것이다. 순서도를 보면 어떤 순서로 처리되는지 파악할 수 있다. 이번 예제는 단순하지만, 복잡한 프로그램에서는 이러한 순서도가 유용하다.

어떤 물건을 만들려면 물건의 설계도가 필요하다. 이 순서도는 소프트웨어 개발 분야에서 설계도에 해당하며, 초보자도 알기 쉽게 도식화하여 처리의 흐름을 눈에 보이게 한 것이다.

---

* 역주 디지털 신호 출력 값

그림 2-7 loop 함수의 순서도

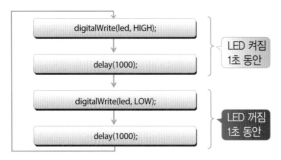

3장 이후에서도 제어 구문 등을 순서도로 설명한다.

2.4 한 단계 더! ② 예제 스케치를 바꿔 보자

delay 함수에 설정한 값을 여러 가지로 바꿔 보며 LED가 작동할 때의 차이점을 살펴보자.
스케치 2-6의 앞부분은 생략했다.

스케치 2-6 delay 함수에 설정한 값 변경 1

```
...
void loop() {
  digitalWrite(led, HIGH);       // LED를 켠다(HIGH는 전압의 높낮이).
  delay(100);                    // 100밀리초 동안 기다린다.
  digitalWrite(led, LOW);        // 전압을 LOW로 바꿔 LED를 끈다.
  delay(1000);                   // 1초(1000밀리초) 동안 기다린다.
}
```

반복 함수

스케치 2-7 delay 함수에 설정한 값 변경 2

```
...
void loop() {
  digitalWrite(led, HIGH);       // LED를 켠다(HIGH는 전압의 높낮이).
  delay(1000);                   // 1초(1000밀리초) 동안 기다린다.
  digitalWrite(led, LOW);        // 전압을 LOW로 바꿔 LED를 끈다.
  delay(100);                    // 100밀리초 동안 기다린다.
}
```

반복 함수

스케치 2-6은 LED가 켜져 있는 시간이 짧아졌고, 반대로 스케치 2-7은 LED가 꺼져 있는 시간이 짧아졌다.

이처럼 delay 함수의 대기 시간 매개변수를 바꿔서 LED가 켜져 있는 시간이나 꺼져 있는 시간을 바꿀 수 있다. delay 함수는 다음과 같이 정리할 수 있다.

대기 함수 **매개변수의 시간(밀리초 단위)만큼 대기하는 함수**

delay(*ms*);   // *ms*: 대기 시간(밀리초)

이제 스케치 2-8의 delay(1);이나 delay(5);처럼 대기 시간을 더 짧게 바꿔 보자. 이렇게 짧은 시간 동안 반복하면 사람의 눈으로는 LED가 켜졌다 꺼지는 것을 거의 인식할 수 없다. 또한, 대기 시간 값을 여러 가지로 바꾸다 보면 LED가 밝아지거나 어두워지는 것을 볼 수 있다.

여기서는 디지털 출력 함수 digitalWrite와 대기 함수 delay로 LED를 켜졌다 꺼지게 해 보았다. 다음 장에서는 같은 동작을 아날로그 출력 함수로 재현해 보자.

스케치 2-8 **delay 함수에 설정한 값 변경 3**

```
...
void loop() {
  digitalWrite(led, HIGH);     // LED를 켠다(HIGH는 전압의 높낮이).
  delay(1);                    // 1밀리초 동안 기다린다.
  digitalWrite(led, LOW);      // 전압을 LOW로 바꿔 LED를 끈다.
  delay(5);                    // 5밀리초 동안 기다린다.
}
```

반복 함수

컴퓨터와 아두이노의 시리얼 통신 (시리얼 모니터 표시)

이제 아두이노의 작동 상태를 컴퓨터에서 확인해 보자. 컴퓨터와 아두이노가 USB 케이블로 연결되어 있을 때는 컴퓨터가 아두이노에 전원을 공급할 뿐만 아니라 **시리얼 통신**도 할 수 있다. 시리얼 통신으로는 아두이노에 스케치를 업로드하거나 컴퓨터에서 아두이노가 어떻게 작동하는지 볼 수 있다. 다시 말해 서로 데이터를 주고받아 시리얼 모니터에 내용을 표시하고 확인할 수 있다.

컴퓨터와 아두이노를 USB 케이블로 연결하고 간단한 스케치를 불러와서 시리얼 모니터로 시리얼 통신을 해 보자.

3.1 스케치 입력

스케치 2-9를 스케치 편집기에 입력해 보자. 스케치의 내용은 이어서 설명한다.

스케치 2-9 시리얼 모니터에 내용을 표시하는 스케치 예제

```
void setup() {
  Serial.begin(9600);
}
void loop() {
  Serial.print("*** Arduino test ****");
  Serial.println("+++ Uno R3 test +++");
  delay(300);
}
```

그림 2-8 시리얼 통신을 테스트하는 예제와 시리얼 모니터 버튼

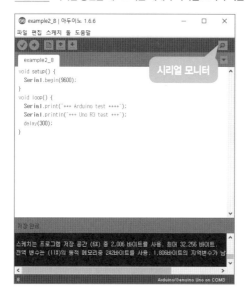

그림 2-8 시리얼 통신을 테스트하는 예제와 시리얼 모니터 버튼

■ 시리얼 통신 시작을 선언하는 함수 Serial.begin

초기 설정 함수 setup 안에(중괄호({}) 안에) 작성된 Serial.begin(9600); 구문을 보자. Serial.begin 함수는 시리얼 통신을 시작한다고 선언하는 것으로, 통신 속도는 매개변수 9600(단위는 보드레이트이고, 보드레이트는 1초 동안 수행하는 변조 또는 복조 횟수)으로 전달된다. 통신 속도는 시리얼 모니터 오른쪽 아래에 표시된 설정 속도와 일치해야 한다(그림 2-9).

시리얼 통신 시작 **시리얼 통신 시작**

```
Serial.begin(bud);
/*
    bud: 통신 속도, 단위는 보드레이트(baud rate), 다음 값 중 하나
    300, 1200, 2400, 4800, 9600, 14400, 19200, 28800, 38400, 57600, 115200
*/
```

그림 2-9 시리얼 모니터 표시 화면 예제

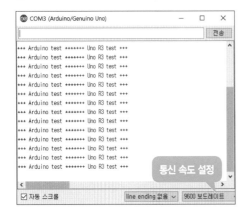

■ 시리얼 모니터에 내용을 출력하는 함수 Serial.print와 Serial.println

Serial.print와 Serial.println 함수는 시리얼 모니터에 매개변수의 내용을 출력하는 함수이다. Serial.print 함수는 출력 후 커서를 이동만 하고 종료하지만, Serial.println 함수는 줄 바꿈(다음 줄로 커서를 이동)을 한 후에 종료한다.

이 차이를 이해하기 위해 아두이노에 스케치를 업로드한 후 시리얼 모니터를 켜 보자. 차이를 알겠는가?

출력할 매개변수로는 문자, 문자열, 숫자(정수, 실수)를 쓸 수 있다. Serial.print와 사용 방법이 비슷한 Serial.write 함수도 있는데, 이 함수는 줄 바꿈을 하는 문자열 \n를 넣을 수 있다. 따라서 Serial.write("+++ Uno R3 test +++ \n");라고 써도 Serial.println("+++ Uno R3 test +++")와 같은 출력 내용을 볼 수 있다.

> **시리얼 포트로 출력** **시리얼 모니터로 출력**
> Serial.print(*data*);   // 줄 바꿈 없음
>   또는 Serial.print(*data, format*);
> Serial.println(*data*);   // 줄 바꿈 있음
>   또는 Serial.println(*data, format*);
> Serial.write(*data*);   // 줄 바꿈 없음
>   또는 Serial.write(*val, len*);
>   *data*: 출력할 값. 문자, 문자열, 정수, 실수

format: 실수는 소수점 이하의 개수, 정수는 표시 형태

val: 출력할 값. 값(1바이트), 문자열, 배열

len: 배열의 길이

3.2 시리얼 통신의 활용

시리얼 통신은 컴퓨터에서 아두이노의 상태를 보거나 아두이노로 값을 보낼 때 사용한다.

아두이노의 상태를 본다는 것은 센서의 값을 출력해 보거나 프로그램이 작동되는 중간에 값을 출력해 보는 것이고, 디버깅할 때 아두이노의 상태를 확인하여 프로그램의 잘못된 점을 찾기도 한다.

아두이노에 키보드나 텐키*, 마우스로 입력한 값을 보내고, 컴퓨터에서는 입력한 값을 출력해 볼 수 있다.

센서를 연결해서 값을 볼 때도 시리얼 모니터를 사용하니 지금 확실히 알아두자. 시리얼 통신은 7.5절에서도 따로 설명하니 참고하기 바란다.

④ 브레드보드와 점퍼 와이어를 사용해 보자

전자 공작을 할 때는 전자 부품을 조립하고 사이를 점퍼 와이어(와이어 케이블, 점퍼 케이블, 단순히 와이어나 케이블이라고도 함)로 연결하거나 납땜해야 한다. 잠깐 사용할 때는 브레드보드와 점퍼 와이어만으로도 누구나 간단히 전자 부품을 연결할 수 있고, 사용이 끝난 후에는 분해해서 다른 전기 전자 회로를 만들 수도 있다. 이처럼 여러 가지를 시도해 볼 수 있어서 초보자에게 편리하다. 게다가 납땜이 필요 없고 배선도 쉽게 알아볼 수 있어서 간단하고 빠르게 전자 부품을 조립할 수 있다(전자 부품을 연결할 때는 납땜이 필요 없지만, 부

---

* 역주 숫자 입력을 편하게 할 수 있도록 만들어진 키보드

품을 사용하기 위한 납땜은 해야 할 때가 종종 있다. 납땜이 필요 없는 부품을 잘 구입해야 한다).

이 절에서는 브레드보드의 구조를 살펴보고, 점퍼 와이어로 브레드보드를 사용하는 방법을 배워 보자. 전기 흐름에는 방향이 있다. 중학생 때 전압을 걸어주면 전류가 접지(GND)로 흘러간다는 것을 배웠다. 당연한 이야기지만 전선이 끊어지면 전류가 흐르지 않는다. 흐름 중간에 전자 부품이 있으면 전자 부품의 양극으로 전류가 들어가서 음극 쪽으로 흘러나오는 데, 전자 부품에는 극성이 있는 것도 있고 없는 것도 있다. 극성이란 양극과 음극이 미리 정해져 있는 것이다. 전원 쪽과 GND 쪽을 반대로 연결하면 고장 나는 전자 부품도 있으니 충분히 살펴본 후 사용해야 한다. 이 책에서는 극성을 반대로 연결해도 쉽게 망가지지 않는 전자 부품을 주로 다룬다.

4.1 브레드보드의 구조를 살펴보자

브레드보드의 구조를 살펴보자. 표준 브레드보드는 같은 피치(간격 2.54mm, 0.1인치)로 핀을 꽂을 수 있는 형태이고, 그림 2-10에 나와 있는 것처럼 각각 세로 방향과 가로 방향으로 연결되어 있다.

그림 2-10을 보면 위쪽과 아래쪽에 있는 두 줄의 핀 구멍은 가로 방향으로 연결되어 있고, 주로 전원과 GND를 연결해 사용한다. 가운데 부분은 중간을 기준을 위쪽와 아래쪽으로 나뉘어 있고, 둘은 연결되어 있지 않아 IC 칩처럼 양쪽의 핀이 연결되면 안 되는 구조를 가진 전자 부품을 연결해 사용된다.

그림 2-10 **브레드보드의 연결 구성과 사용 방법**

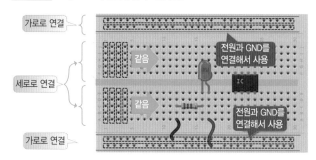

4.2 브레드보드를 사용하여 스케치를 실행해 보자

그림 2-11처럼 LED와 저항(1kΩ 정도)을 브레드보드에 꽂고, 점퍼 와이어 4개로 아두이노의 D13 핀과 그 바로 옆에 있는 GND 핀에 연결해 보자.*

그림 2-11 **브레드보드를 사용해 LED와 저항(1kΩ)을 연결**

D13 핀으로 전원이 연결되고, 들어온 전류가 브레드보드, 점퍼 와이어, LED, 저항을 통과해서 아두이노의 GND로 흐른다.

이제 2장 처음에 소개했던 예제 Blink.ino(스케치 2-1)를 IDE에 불러와서 아두이노에 업로드한 후 작동해 보자. LED가 전처럼 켜졌다 꺼졌다 하는 것을 확인할 수 있다. 점퍼 와이어를 연결한 핀의 위치를 바꿔 보며 핀 사이의 연결이 이 책에서 설명한 것과 같은지 확인해 보자.

> 이 책에서 사용하는 전자 부품의 종류와 구입처 등은 부록 A를 참고하기 바란다.

---

* 편집주 LED는 양극과 음극을 구분하여 꽂아야 한다. 자세한 내용은 147쪽에서 설명한다. 잘 모르겠다면 147쪽을 참고하여 실습을 진행해 보기 바란다. 여기서는 간단히만 알아보고 넘어간다.

아두이노를 능숙하게 사용하려면 아날로그와 디지털의 개념은 필수로 알아야 한다. 32쪽에 있는 그림 1-10 인터페이스 구성도에도 나타냈지만, 아두이노에는 아날로그 입력 포트와 디지털 입출력 포트가 있다. 아날로그 출력도 PWM(펄스 폭 변조)을 사용하여 디지털 입출력 포트에서 사용할 수 있다.

아날로그와 디지털의 차이는 이미 알고 있는 독자가 많으리라 생각되지만, 간단히 말해 아날로그는 연속적인 값을 전달하는 신호이고, 디지털은 불연속적인 값을 전달하는 신호이다. 각 신호는 그림 2-12처럼 그래프로 파형을 나타낼 수 있다.

그림 2-12 **디지털 파형과 아날로그 파형**

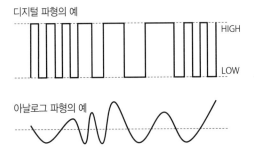

지금부터 아두이노의 아날로그 입출력과 디지털 입출력의 차이와 시리얼 모니터를 포함한 시리얼 통신을 알아보자(그림 2-13).

그림 2-13 **아두이노의 아날로그 통신과 디지털 통신**

5.1 아날로그 입출력

아두이노의 아날로그 입출력 포트의 위치를 그림 2-14에 표시했다. 입력 포트와 출력 포트는 핀 위치가 다르고, 출력 포트는 핀 번호가 정해져 있으니 주의하자. 아날로그 출력은 보드 위에 ~ 표시가 붙은 포트로, D3, D5, D6, D9, D10, D11, 이렇게 6개다.

그림 2-14 **아두이노의 아날로그 입출력 포트**

아날로그 입력 포트에는 센서 등을 연결하고, 이를 통해 센서의 값을 읽어낸다. 이때 입력되는 아날로그 값은 0~5V이다. 아날로그 입력 값을 읽어올 때는 analogRead 함수를 사용하는데, 이 함수에서 반환되는 값은 0~1023(0~5V)이다.

아날로그 출력은 0~5V 값을 출력하고, 이때 사용하는 analogWrite 함수에는 0~255(0~5V)를 매개변수로 입력한다.

5.2 디지털 입출력

아두이노 디지털 입출력은 LOW(=0, 0V)와 HIGH(=1, 5V 또는 3.3V) 중 하나이다. 아두이노 우노는 디지털 입출력 포트 D0~D13 핀 말고도, 아날로그 입력 포트 A0~A5 핀을 디지털 입출력 포트로 사용할 수 있다. 아날로그 입력 포트 A0~A5 핀은 순서대로 D15~D19 핀으로도 사용한다.

그림 2-15 **아두이노의 디지털 입출력 포트**

디지털 입출력이 가능한 전자 부품으로는 스위치, 스피커, LED 등이 있고, 디지털 입출력 포트를 사용해서 시리얼 통신도 할 수 있다.

5.3 시리얼 통신

아두이노의 시리얼 통신 기능을 간단히 소개한다. 2.3절에서 이미 설명했던 시리얼 모니터 기능도 시리얼 통신을 사용한 것이다. 그 밖에 시리얼 통신 버스(I2C와 SPI)를 사용한 기능도 아두이노에서 사용할 수 있다. 이러한 시리얼 통신 기능들을 표 2-1에 정리했다.

표 2-1 **아두이노의 시리얼 통신**

비교 항목	UART	I2C 버스	SPI 버스
비동기/동기	비동기식	동기식	동기식
연속 연결	불가능	여러 개의 슬레이브* 접속 가능	여러 개의 슬레이브 접속 가능
버스		SCL(시리얼 클록) SDA(시리얼 데이터)	SCK(시리얼 클록) 단방향 SDI, SDO
이용 대상	간단한 통신	양방향 SDA 통신	고속 통신 처리
아두이노 우노 R3 사용 포트(그림 1-10 참조)	D0, D1 핀 소프트웨어 시리얼 통신도 가능	A4, A5 핀 SCL, SDA 핀	D10, D11, D12, D13 핀
사용하는 라이브러리	SoftwareSerial 라이브러리 사용	Wire 라이브러리 사용	SPI 라이브러리 사용

* 　**역주** 마스터에 연결되어 마스터가 부여하는 작업을 수행하는 기기

3장부터는 전자 부품을 연결할 때 시리얼 통신을 사용하기도 하니 자세한 내용은 별도 자료를 참고하자.

3장

프로그래밍 기초

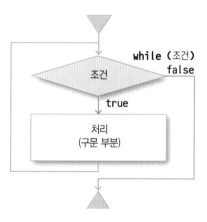

순서도 예제

아두이노 마이컴 보드를 작동하려면 프로그래밍을 필수로 알아야 한다. 프로그래밍할 때 기본적으로 기억해둘 것이 몇 가지 있다. 이를 미리 알아두면 문제가 생겼을 때 디버깅에 쓸데없이 허비하는 시간을 줄일 수 있다.

아두이노의 프로그래밍 언어는 C언어 계열로, 객체 지향 언어인 C++를 기준으로 한 고급 언어이며 아두이노 언어라고 부르기도 한다. 아두이노 IDE는 프로그래밍 언어의 문법에 맞게 오류 처리를 수행하고, 기계어로 컴파일과 링크*를 한 후 마이컴 보드에 전송(업로드)하여 실행할 수 있게 해준다.

3장에서는 아두이노 프로그래밍 언어의 문법과 변수와 함수, 제어문을 중점적으로 소개한다. 한번 가볍게 머릿속에 집어넣었다가 기억나지 않을 때마다 다시 확인하는 정도로 사전처럼 사용하면 좋다. 이 책의 내용에서 더 나아가 문법을 자세히 알고 싶다면 다른 C언어 또는 C++ 전문서를 참고하기 바란다.

① 시작하기 전에 알아둘 것

1.1 아두이노는 어떤 방식으로 움직이는가

아두이노는 다른 마이컴 보드와 마찬가지로 CPU(중앙 처리 장치)와 메모리, 외부와 연결하는 데 사용하는 인터페이스를 갖고 있다(그림 3-1).

---

* 역주 컴파일된 여러 코드를 한 데 묶어서 실행할 수 있게 연결해주는 과정

그림 3-1 **마이컴 보드의 구성**

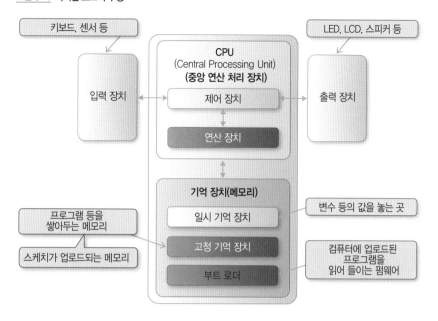

아두이노의 메모리로는 휘발성인 일시 기억 메모리와 비휘발성인 고정 기억 메모리, 마찬가지로 비휘발성인 부트 로더가 있다. 일시 기억 메모리에는 프로그램이 실행될 때마다 선언된 변숫값 등이 저장된다. 비휘발성인 고정 기억 장치에는 컴파일된 실행 파일이 저장되어 있고, 부트 로더에는 전원이 들어온 상태일 때 프로그램을 실행하는 펌웨어가 저장되어 있다.

비휘발성 메모리는 전원이 공급되지 않아도 없어지지 않고, 다시 전원이 공급됐을 때 처음부터 프로그램을 작동한다.

아두이노에 장착된 리셋 버튼을 눌렀을 때나 시리얼 모니터를 실행했을 때도 프로그램을 처음부터 다시 작동한다.

그림 3-2는 아두이노에 업로드한 스케치의 작동(프로그램 실행) 과정이다.

그림 3-2 아두이노 스케치(프로그램)의 작동 과정

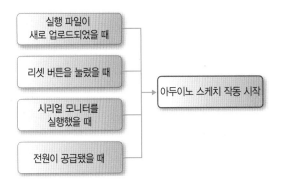

1.2 프로그램 컴파일과 업로드

아두이노 스케치는 IDE에서 작성한다는 것을 앞장에서 배웠다. 그림 3-3에서 볼 수 있듯이 스케치는 IDE에서 컴파일하면 실행할 수 있는 프로그램(실행 파일)으로 바뀐다. 완성된 실행 파일은 USB 케이블을 통해 아두이노에 업로드된다. 이 과정을 거쳐 아두이노에서 스케치가 작동하게 된다.

그림 3-3 스케치 작성부터 아두이노로 업로드까지

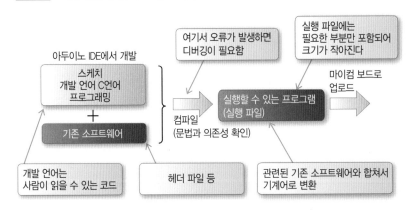

IDE에서 컴파일할 때는 프로그래밍 구문의 오류를 검사한 후 오류 처리와 기계어로 변환한 다음, 다른 라이브러리(헤더 파일 등)와 연결(링크)하고 나서 실행 파일을 작성한다.

1.3 디버깅과 문제 해결

IDE로 프로그램을 컴파일할 때 오류를 처리하는 작업과 실제로 아두이노에서 프로그램이 생각했던 대로 움직이지 않을 때 수정하거나 개선하는 작업을 **디버깅**이라 한다(객체 지향 언어에 맞게 수정하는 리팩토링이라는 작업도 있다).

이 작업이 길어지면 시간 낭비일 뿐이므로 될 수 있는 한 짧은 시간에 끝낼 궁리를 해야 한다. 경험하며 배울 수 있는 것도 물론 있지만, 디버깅 자체의 중요한 점을 미리 알아두면 좋다.

프로그래밍 초보자가 새 프로그램을 작성할 때 보통 **구문 오류**가 많이 발생한다. 이 오류를 발생시키지 않으려면 기본 문법을 알고 있어야 하는 것은 물론이고, 디버깅 정보를 정확하게 읽어낼 수 있어야 한다. 3장에서는 주로 IDE의 개발 언어에서 사용하는 스케치 구문 규칙을 배운다. 단, IDE에 영문으로 출력되는 오류는 독자 스스로 해석할 수 있도록 한다.

하드웨어 관련 문제도 많이 발생한다. 앞서 이야기했던 컴퓨터와 아두이노의 연결 관련 문제는 꼭 짚고 넘어가도록 하자. 더 나아가 몇몇 전자 부품은 아두이노 프로그램을 업로드한 후에 연결해야 하는 것도 있으니 주의하기 바란다(주로 디지털 입출력 포트 D0와 D1을 사용하는 전자 부품).

그림 3-4에 아두이노를 사용할 때 발생하는 오류(문제)들을 정리했다.

그림 3-4 아두이노를 사용할 때 발생하는 오류

IDE는 많은 것을 표준 C언어나 C++ 분법에 맞춰 기술하고 있다. 이번 절에서는 C언어의 기본 규칙을 정리해 보자. 우선 한번 쭉 읽어 보기 바란다(스케치 실행 부분은 전부 반각 문자*로 작성하자).

2.1 공백 문자 사용 방법

1바이트 반각 공백 문자는 넣는 곳에 따라 오류를 일으킬 수 있으니 주의하자. 예를 들면 뒤에서 설명할 비교 연산자 중 하나인 ==은 연산자의 왼쪽 값과 오른쪽 값이 같음을 의미하는데, 이때 == 연산자 사이에 공백 문자를 넣으면 안 된다. 또한, 주석이 아닌 부분에 2바이트 전각 공백 문자를 작성하면 오류가 발생한다. 이것들은 초보자가 잘하는 실수 중 하나이다.

```
x == 4;          // 올바름
x = = 4;         // == 사이에 있는 반각 공백 문자가 오류를 일으킴
x =　"abc";       // = 뒤에 있는 전각 공백 문자가 오류를 일으킴
```

> **TIP**
> 전각 공백 문자는 찾아내기 어렵다. 오류 메시지는 다음과 같이 표시된다.
>
> 　프로그램명:15: error: stray '　' in program
>
> 이는 15번째 줄에 있는 공백 문자가 발생시킨 오류의 메시지이다.
> 이때는 Ctrl + F 를 누르면 나타나는 문자 치환으로 2바이트 전각 공백 문자를 1바이트 반각 공백 문자로 바꾸면 간단히 수정할 수 있다.

---

*　편집주 대부분 반각 문자가 기본으로 설정되어 있으므로 신경 쓰지 않아도 된다. 윈도를 기준으로 화면 오른쪽 아래에 있는 한/영 전환을 마우스 오른쪽 클릭하면 전각 문자나 반각 문자로 변환할 수 있는 전/반자 메뉴가 나온다.

2.2 주석 사용 방법

2장에서 이미 소개했듯이 주석이 여러 줄일 때는 /*와 */로 감싸서 작성하고, 한 줄일 때는 //를 쓴 다음에 내용을 쓴다. 물론 주석은 한국어로도 작성할 수 있다.

여러 줄 주석

```
/* 여러 줄에 걸쳐서
주석을 작성함 */
```

한 줄 주석

```
int no = 255;      // 주석
```

2.3 숫자 값을 정의하는 방법

정수는 10진수뿐만 아니라 16진수, 8진수, 2진수 등 여러 가지로 표기할 수 있다. 실수는 1.23과 같이 표기한다. 그 외에 **부호가 없는 정수**나 4바이트 정수(long) 등으로 표기할 수도 있다(표 3-1 참고).

표 3-1 **숫자 값 형식**

형식	예제	설명
실수	3.12, −2.45, 1.234E2(=1.23×102=123.4)	−
10진수	345	−
16진수	0X13, 0x13	숫자 앞에 0X나 0x를 붙임
8진수	0172	숫자 앞에 0를 붙임
2진수	B11010	숫자 앞에 B를 붙임
부호가 없는 정수	123U, 123u	숫자 뒤에 U나 u를 붙임
4바이트 정수	123L, 123l	숫자 뒤에 L이나 l을 붙임

2.4 데이터형 선언하는 방법

데이터형(타입)은 데이터나 함수의 유형을 의미하며, 변수나 함수 등을 선언할 때 사용한다. 아두이노에서 데이터형 선언에 사용할 수 있는 것을 표 3-2에 정리했다. 이 외에도 함수 선언에는 void도 사용할 수 있다. void는 뒤에서 설명한다.

표 3-2 데이터형 선언 명령어

형	용량	내용	비교
boolean	1바이트	참, 거짓(불 타입)	true(=1) 또는 false(=0)
char	1바이트	문자(아스키코드)	−128~+128
byte	1바이트	바이트	0~255
int	2바이트	정수(short와 같음)	−32,768~+32,767
unsigned int	2바이트	부호가 없는 정수	0~65,536
long	4바이트	long 정수	−2,147,483,648~+2,147,483,647
unsigned long	4바이트	부호가 없는 long 정수	0~4,294,967,295
float	4바이트	실수	−3.4028235E+38~+3.4028235E+38
double	4바이트	실수(float와 같음)	−

unsigned는 정수를 선언하는 int나 long과 함께 사용해야 하고 혼자만 따로 사용할 수 없다.

가끔 uint8_t, uint16_t, uint32_t[*]가 스케치에 나오는데, 순서대로 byte, unsigned int, unsigned long과 의미가 같으니 참고하기 바란다.

2.5 문자열과 문자

문자가 여러 개이면 문자열이라 하고 1바이트 문자와 구분하여 사용한다. 문자열은 문자 여러 개를 의미하고 큰따옴표("")로 감싼다. 문자는 1바이트 문자를 의미하며 작은따옴표(')로 감싼다. 아두이노에서는 주석이 아닌 곳에 한글 같은 2바이트 문자를 사용할 수 없다.

---

* 역주 숫자는 비트 수를 의미하며 8비트는 1바이트이다.

```
문자열: "text string"
문자: 'c', 'x'
```

한글 등의 2바이트 문자를 표기하려면 **문자 코드**나 **코드 변환** 지식이 필요하다(여기서는 설명하지 않는다).

2.6 식별자와 키워드

식별자는 사용자가 작성하는 것으로 변수 이름이나 함수 이름 등을 말한다. 또한, 식별자의 첫 문자는 알파벳이나 밑줄(_)이어야 한다.

```
올바른 식별자: zzzz, x200, x_2, _3
틀린 식별자: 'x02(기호로 시작), 0xyz(숫자로 시작), x*2d(연산자 포함), int(키워드)
```

틀린 식별자에 있는 **키워드(예약어)**는 예약 문자열로, 내부에 미리 선언된 문자열이다. 키워드는 식별자로 사용할 수 없다.

키워드는 아두이노 폴더의 lib 폴더 안에 있는 keywords.txt 파일에 적혀 있다. 또한, LCD나 SD 메모리 카드 등을 사용할 때 불러오는 추가 **라이브러리**에도 키워드가 선언되어 있다. 표 3-3에 주로 사용하는 키워드를 정리했다.

표 3-3 **키워드**

HIGH(5V 설정)*	char(문자 선언)	new(인스턴스 선언)
LOW(0V 설정)	class(클래스 선언)	null(널 포인터)
INPUT(입력 설정)*	const(상수 선언)	public(공개 선언)
OUTPUT(출력 설정)*	continue(루프 건너뛰기)	return(값 반환)
DEC(10진수)*	default(switch 문의 기본 처리)	short(int와 같음, 2바이트 정수 선언)
BIN(2진수)*	do(do-while 처리)	signed(부호가 있음을 표시)
HEX(16진수)*	double(4바이트 실수, float과 같음)	static(정적 변수 선언)
OCT(8진수)*	else(if-else 문)	String(문자열 클래스)
PI(원주율 π = 3.141592…)*	false(불 타입의 거짓)	switch(분기 제어문, case와 함께 사용)

HALF_PI(원주율의 반 = π/2)*	float(4바이트 실수, double과 같음)	this(인스턴스 자기 자신)
TWO_PI(원주율의 2배)*	for(반복 제어문)	true(불 타입의 참)
boolean(불 타입 선언)	if(분기 제어문)	unsigned(부호가 없음을 표시)
break(처리 부분에서 나감)	int(2바이트 정수 선언)	void(반환 값 없음을 선언)
case(switch 문의 조건)	long(4바이트 정수 선언)	while(반복 제어문)

 *   표시한 것은 내장 변수이다.

표 3-4에는 주로 사용하는 연산 함수 키워드를 정리했다.

<u>표 3-4</u> **연산 함수 키워드**

abs(절댓값)	floor(소수점 이하 버림)	round(소수점 이하 반올림)
acos(아크코사인)	log(로그)	sin(사인)
asin(아크사인)	map(매핑)	sq(제곱)
atan(아크탄젠트)	max(최댓값)	sqrt(제곱근)
cos(코사인)	min(최솟값)	tan(탄젠트)
degrees(라디안 단위를 도 단위로 변환)	radians(도 단위를 라디안 단위로 변환)	
exp(밑이 e인 지수 함수)	random(난수 발생)	

이 외에도 표 3-5에 아두이노에서만 쓰이는 통신 관련 키워드를 모아보았다. 설명은 생략한다. 궁금한 키워드는 인터넷 검색을 통해 찾아보기 바란다.

<u>표 3-5</u> **통신 관련 키워드**

analogReference	digitalWrite	pinMode
analogRead	digitalRead	pulseIn
analogWrite	interrupts	shiftIn
attachInterrupt	millis	shiftOut
detachInterrupt	micros	tone
delay	noInterrupts	
delayMicroseconds	noTone	

2.7 계산식과 연산자

C언어의 **계산식**(할당식이나 조건식 등)은 중요한 역할을 한다. 계산식은 연산자를 사용해 표기한다. **연산자**는 산술 연산자, 관계 연산자, 논리 연산자, 할당 연산자, 비트 연산자, 제곱 연산자 등이 있다.

표 3-6 **연산자**

분류	연산자	의미	계산식 예제	결과
산술 연산 (int x = 6, y = 5로 z를 구하는 예제)	+	더하기	z = x + 1;	z = 7
	−	빼기	z = x − 2;	z = 4
	*	곱하기	z = x * 2;	z = 12
	/	나누기	z = x / 2;	z = 3
	%	나머지 구하기	z = x % 4;	z = 2
	++	+1	z = y++; (또는 ++y)	z = 6
	−−	−1	z = y−−; (또는 −−y)	z = 4
관계 연산 (int i = 5, j = 3, k = 3; 예제)	==	양쪽이 서로 같다	j == k;	ture
	!=	양쪽이 서로 같지 않다	j != k;	false
	〉	왼쪽이 크다	i 〉 j;	ture
	〈	왼쪽이 작다	i 〈 j;	false
	〉=	왼쪽이 크거나 같다	i 〉= j;	ture
	〈=	왼쪽이 작거나 같다	i 〈= j;	false
논리 연산 (byte x = 0xF9, 2진 수로는 x = [1111 1001], byte y = 0x01, 2진 수로는 y = [0000 0001] 예제)	&	논리곱(AND)	x & y	1(true)
	|	논리합(OR)	x | y	[1111 1001] = 0xF9 = 249
	^	배타적 논리합(XOR)	x ^ y	[1111 1000] = 0xF8 = 248
	||	논리합(관계/평가)	x || y	1
	&&	논리곱(관계/평가)	x && y	1
	!	부정(NOT)	!x	0

분류	연산자	의미	계산식 예제	결과
할당 연산 (int x = 5 예제 변수 연산자 = 계산식; 으로 사용)	+=	더해서 할당	x += 3;	x = 8;(x에 3을 더함)
	-=	빼서 할당	x -= 3;	x = 2;(x에서 3을 뺌)
	*=	곱해서 할당	x *= 2;	x = 10;(x에 2을 곱함)
	/=	나눠서 할당	x /= 2;	x = 2;(x를 2로 나눔, 결과는 정수)
	%=	나눈 나머지를 할당	x %= 3;	x = 2;(x를 3으로 나눈 나머지)
비트 연산 (byte x = 0x96, y; 2진수로는 x = [1001 0110] 예제)	《	왼쪽 시프트	y = x 《 2;	y = [0101 1000] 10진수로는 y = 0x58 = 88;
	》	오른쪽 시프트	y = x 》 3;	y = [0001 0010] 10진수로는 y = 0x12 = 18;
	~	1의 보수	y = ~x;	y = [0110 1001] 10진수로는 y = 0x69 = 105;
조건 연산	?:	if-else 대체 구문	var = 조건 ? 계산식1 : 계산식2; → if (조건) {var = 계산식1;} else {var = 계산식2;}	-

2.8 처리 구문과 처리 부분

처리 구문은 처리 단위 1개를 의미한다. 처리 구문을 여러 개 작성할 때는 구문 사이를 세미콜론(;)으로 구분한다. 또한, 처리 구문 여러 개를 제어문 등에 한꺼번에 쓸 때는 중괄호({ })로 묶어서 작성한다. 이 책에서는 여러 개의 처리 구문을 **처리 부분**이라 부른다. 또한, 함수 정의의 처리 부분도 같은 방식으로 다룬다.

{ 처리(구문); 처리(구문); 처리(구문); } → { 처리 부분 }

2.9 함수

함수는 3.5절에서 자세히 설명하므로 여기서는 함수 정의만 간단히 소개하고 넘어간다.

```
데이터형 함수명(매개변수) { 처리 부분 }
```

'데이터형'은 반환할 데이터 값의 유형이다. '함수명'은 함수를 불러올 때 사용하는 이름이고, '매개변수'는 함수에 전달할 입력 데이터다. 마지막으로 '처리 부분'은 처리 구문을 모아놓은 것이다. '반환 값'은 처리 부분 안에서 다음과 같이 return을 사용하여 반환한다.

```
return 값;
```

여기서 '매개변수 부분'이나 '반환 값'은 반드시 있어야 하는 건 아니다. 반환 값이 없을 때는 void 형을 사용한다. 반환 값이 없는 함수는 **절차 함수(프로시저)**라고도 한다.

2.10 전처리기

전처리는 소스 코드를 컴파일하기 전에 수행되는 처리이다. 구체적으로는 소스 코드에 나오는 조건부 추가 구문이나 실행 프로그램에 있는 전처리기를 불러와서 현재 열려 있는 소스 코드에 삽입하는 역할을 한다. IDE에는 다음과 같은 전처리기가 준비되어 있다.

```
#include <헤더 파일명>
#define 문자열을 치환할 계산식, 숫자, 문자열
##
# 조건부 컴파일
#import
```

특히 자주 사용하는 것은 #include(함수 부분을 읽어 들임)나 #define(상수 선언), 조건부 컴파일 처리 등이다.

3   변수를 사용해 보자

이번 절에서는 IDE로 스케치를 작성할 때 필요한 기본적인 것들을 배워 보자. 우선 변수란 무엇인지 알아보고, 제어문으로 변수를 바꾸는 것도 알아보자. 이밖에 전처리기로 변수를 선언하는 방법과 옵션 구문 const와 static을 다루는 방법을 소개한다.

3.1   변수를 사용해 보자

스케치 3-1은 2장에서 소개했던 Blink.ino의 주석을 전부 지운 것이다. 변수명 led의 초깃값은 13이고, setup 함수와 loop 함수 안에서 총 세 군데에 사용된다. 예를 들어 이 초깃값을 led = 12로 바꿔서 실행하면 세 군데에 쓰인 변수 led의 값이 바뀐다(led = 12로 바꿀 때는 실행 전에 LED의 긴 다리를 디지털 입출력 포트 12번 핀에 꽂고 짧은 다리는 GND에 꽂아야 한다).

스케치 3-1 **Blink.ino(주석 제거)**

```
int led = 13;
void setup() {
  pinMode(led, OUTPUT);
}
void loop() {
  digitalWrite(led, HIGH);
  delay(1000);
  digitalWrite(led, LOW);
  delay(1000);
}
```

다음으로 대기 함수 delay 안에 설정해 둔 시간(밀리초)을 변수 mtime(변수명)을 사용하여 정의해 보자. 이렇게 변수를 먼저 정의해 두면 프로그램 내용을 좀 더 쉽게 이해할 수 있고 나중에 수정하기도 편하다.

```
int led = 13;
int mtime = 1000;
void setup() {
  pinMode(led, OUTPUT);
}
void loop() {
  digitalWrite(led, HIGH);
  delay(mtime);
  digitalWrite(led, LOW);
  delay(mtime);
}
```

3.2 계산식이나 제어문으로 변수를 바꿔 보자

다음으로 **계산식**이나 **제어문** if를 사용해서 변숫값을 바꾸는 스케치를 소개한다. 스케치 3-3
에 있는 변수 mtime 값을 보며 실제로 작동했을 때 LED가 어떻게 변할지 추측해 보자. 실제
로 작동해 보면 어떻게 나오는가?

스케치 3-3 **변수 mtime을 바꾼 Blink.ino 예제**

```
int led = 13;
int mtime = 500;      // 변수 mtime의 초깃값을 500으로 설정
void setup() {
  pinMode(led, OUTPUT);
}
void loop() {
  if (mtime <= 0) {
    mtime = 500;
  } // mtime이 0 이하일 때는 다시 500으로 설정
  else {
    mtime -= 50;
  } // mtime이 0 이하가 아닐 때는 50을 뺌
```

```
    digitalWrite(led, HIGH);      // LED가 켜짐
    delay(mtime);                 // LED가 켜져 있는 시간
    digitalWrite(led, LOW);       // LED가 꺼짐
    delay(mtime);                 // LED가 꺼져 있는 시간
}
```

이 스케치에서 변수를 사용하여 값을 바꾸면 더 복잡한 동작을 할 수 있게 된 걸 눈치챘는가? if 제어문 바로 뒤에 오는 mtime <= 0은 'mtime 값이 0보다 작거나 같으면 참, 그 외에는 거짓'을 의미하며, 이를 판단하여 다음 처리를 수행한다. 다시 말해, 참(true)일 때는 mtime = 500;이 되고 거짓(false)일 때는 else 아래 있는 처리 부분을 수행하게 된다.

그림 3-5 if-else 사용 순서도

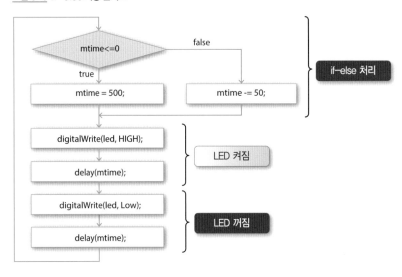

```
mtime -= 50;
```

이 처리는 -= 연산자로 왼쪽 변수 mtime 값에서 50을 뺀 다음, 뺀 값을 mtime에 다시 할당한다. 이는 C언어에서 사용하는 생략 식으로, 다음 계산식과 의미가 같다.

```
mtime = mtime - 50;
```

이때 오른쪽 계산식의 결과를 왼쪽 변수에 할당하는데, 이는 많은 소프트웨어 개발 언어에서 기본으로 사용하는 방식이다. 지금까지 학교에서 배웠던 1 + 2 = 3처럼 왼쪽 계산식의 결과가 오른쪽으로 넘어가는 것이 아니라 반대 방향으로 계산된다.

그러므로 스케치 3-3의 if 제어문은 'mtime이 0보다 같거나 작으면 mtime을 500으로 돌려놓고, 그렇지 않으면 mtime에서 50을 빼라'는 의미이다.

이 처리는 다음 계산식으로 바꿔 쓸 수도 있다.

```
if (mtime > 0) { mtime -= 50; }
else           { mtime = 500; }
```

변수에는 삼각 함수 같은 수학 계산식을 사용하기도 하고, 더 나아가 제어문 등으로 변숫값을 바꿔서 방금 보였던 예제처럼 복잡하게 동작할 수도 있다.

여기서 소개한 if-else 제어문 외에도 뒤에서 설명할 while 문이나 do-while 문, for 문 등 많은 제어문이 있다. 제어문은 프로그래밍의 흐름을 제어하는 중요한 요소이다.

3.3 전처리기로 변수 선언하기

변수를 설정할 때는 앞에서 소개했던 전처리기 #define을 사용하는 방법도 있다.

```
#define LED 13
```

이때 주의할 점은 할당 연산자(=)와 세미콜론(;)이 없다는 것이다. 전처리기의 #define은 LED를 13으로 치환하며, 스케치 안에서 #define이 선언된 부분 아래에 있는 LED를 전부 13으로 치환한다. 전처리기를 사용할 때 일반적으로 변수명은 대문자로 쓴다. 대문자로 해두면 다른 변수명과 구분하기 쉽다.

```
#define LED 13              // 전처리기 #define을 사용하여 변수 LED 설정
void setup() {
  pinMode(LED, OUTPUT);
}
void loop() {
  digitalWrite(LED, HIGH);   // LED가 13으로 치환된다.
  delay(1000);
  digitalWrite(LED, LOW);    // LED가 13으로 치환된다.
  delay(1000);
}
```

3.4 const와 static 변수

변수를 정의할 때 사용하는 옵션 구문 중 두 가지를 소개한다.

변수 정의 방법
옵션 구문 데이터형 변수명 = 초깃값;

옵션 구문은 임의로 설정할 수 있고, 변수를 선언한 부분 앞에 const(상수화)나 static(고정형) 등을 붙여 사용한다. 먼저 const를 붙인 변수 선언을 소개한다.

```
const int led = 13;
```

const를 붙여 변수를 선언할 때는 초깃값을 설정해야 한다. const를 붙여 선언하면 변숫값은 상수가 되어 컴파일할 때 led가 13으로 치환된다. 덕분에 실행 파일의 메모리 용량을 줄일 수 있다. const를 붙였을 때와 붙이지 않았을 때의 차이를 비교해 보자. 컴파일 후에 IDE 화면 하단에 출력되는 '바이너리 스케치 사이즈' 값을 비교해 보자. const를 붙였을 때 확실히 크기가 더 작아진 것을 확인할 수 있다.

static을 붙여 변수를 선언하면 변수가 처음 선언됐을 때만 초기화된다. 그 후에 나오는 선언은 초기화가 무시된다. 스케치 3-5로 static이 있을 때와 없을 때의 차이를 시리얼 모니터를 통해 비교해 보자. static이 붙었을 때는 값이 증가하지만, 없을 때는 항상 변숫값이 초기화되어 0으로 표시된다.

스케치 3-5 **static을 사용한 변수 선언**

```
void setup() {
  Serial.begin(9600);        // 시리얼 통신 속도 설정
}
void loop() {
  static int i = 0;          // 고정형 i 선언 (초깃값 = 0)
  Serial.println(i++);       // i 출력 후 1 증가
  delay(1000);
}
```

3.5 변수의 범위와 메모리 크기

데이터형에는 int(정수), char(문자), float(실수) 등이 있다(표 3-2 참고). 2바이트 정수 int는 데이터 범위가 −32,768~+32,767인데, 양수 값만 사용하고 싶다면 unsigned를 붙여서 unsigned int로 선언하면 된다. 이때 사용할 수 있는 데이터 범위는 0~65,536이다.

sizeof 함수는 변수의 메모리 크기를 알아볼 때 사용한다. 예를 들면 char로 배열을 선언했을 때 메모리 크기가 변하는 상황에 사용할 수 있다.

3.6 형 변환

정수나 실수를 다루는 계산식에 형 변환(cast)이 필요할 때가 있다. 실수를 정수로 바꾸거나 반대로 정수를 실수로 바꿀 때는 괄호로 감싼 데이터형을 붙여 형 변환을 한다.

다음 예제에서는 x, y, z가 정수든 실수든 상관없이 정수(소수점 이하 버림)로 바뀌어 x에 할당된다.

```
x = (int)(y / 3.0 + z);
```

다음 예제는 아두이노에서 아날로그 입력을 읽어서 읽은 값을 원하는 값으로 바꿀 때 자주 사용하는 형 변환식이다. analogRead(A0)로 아날로그 입력 포트 A0에서 값을 읽어 들이면 0~1023 사이의 정숫값이 반환되는데, 이 값을 실수로 바꾼다.

```
x = (float)analogRead(A0) / 1023.0 * 5.0;
```

더 나아가 1023.0과 5.0이 정수 1023과 5일지라도 계산에서는 실수로 계산된다.

3.7 전역 변수와 지역 변수의 사용 범위

변수는 **전역 변수**와 **지역 변수**로 나뉘는데, 이 둘은 사용 범위가 다르다. 이 사용 범위를 스코프라 부른다. 전역 변수는 모든 함수에서 사용할 수 있고, 모든 함수의 밖에 선언해야 한다. 반대로 지역 변수는 일부 범위에서만 사용할 수 있다. 특히 중괄호({}) 안에 정의된 지역 변수는 중괄호 안에서 지역 변수가 정의된 줄 아래에서만 사용할 수 있다. 중첩된 중괄호가 있을 때는 범위를 주의 깊게 살펴봐야 한다.

그림 3-6 **지역 변수 활용 범위**

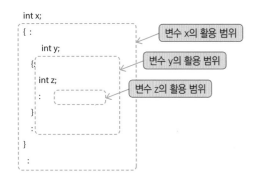

4 제어문을 배워 보자

이 절에서는 **제어문**을 이해해 보자. 복잡한 동작을 할 때는 제어문으로 프로그램을 작성한다. 이해하기 쉽게 제어문을 **순서도**로 설명하겠다.

4.1 판단과 반복 작업

제어문은 **판단**과 **반복 작업**, 이 두 가지 기본 처리로 나뉜다.

판단은 분기라고도 하며(값 등을 비교하는 조건문 같은 것을 포함), 다음 줄에 있는 구문을 처리할지 아니면 다른 구문으로 처리를 건너뛸지 제어한다.

반복 작업은 같은 처리를 몇 번이고 반복한다.

판단 제어문은 다음과 같은 것이 있다.

판단 제어문

- `if-else` 제어문
- `switch` 제어문
- `while` 제어문

반복 제어문은 다음과 같은 것이 있다.

반복 제어문

- `for` 제어문
- `while` 제어문
- `do-while` 제어문

여기서 `while` 제어문은 판단과 반복 작업이 모두 포함된 것도 있고, `for` 제어문도 판단이 포함된 것이 있으니 주의해야 한다.

지금부터 방금 소개한 각 제어문을 알아보자.

4.2 변화를 판단하자(if-else 제어문)

우선 if-else 제어문을 알아보자. 이 제어문의 기본 문법은 다음과 같다. 조건이 참(true)일 때는 바로 다음에 나오는 중괄호 안의 처리 부분을 실행한다. 조건이 거짓(false)일 때는 아무 처리도 하지 않거나 else 아래에 있는 처리 부분을 실행한다.

> **if 또는 if-else 제어문 사용법**
> - if (조건) { 처리 부분 }
> - if (조건) { 처리 부분 A }
>   else { 처리 부분 B }
> - if (조건 A) { 처리 부분 A }
>   else if (조건 B) { 처리 부분 B }
>   else if (조건 C) { 처리 부분 C }

if-else 제어문의 순서도를 살펴보자(그림 3-7).

그림 3-7 if-else 제어문 순서도

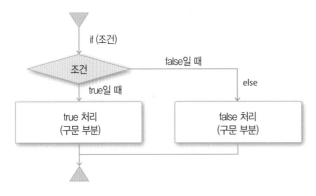

이 제어문을 사용하는 방법은 3.3.2절에서 이미 소개했다. 잘 기억나지 않는다면 3.3.2절을 다시 한 번 살펴보자.

4.3 변수나 값을 사용한 분기 정리(switch-case 제어문)

다음으로 switch-case 문을 알아보자. 이 제어문은 switch, case, break, default 구문으로 분기 처리를 한다. switch 문에서 소괄호 안에 오는 변수나 반환 값이 case 값을 만족했을 때 이 값에 따른 처리를 한다. 사용 방법은 다음과 같다.

```
switch-case 제어문 사용 방법(일반적인 사용 방법)
switch (조건)                       // 조건은 '변수나 반환 값'
{ case 값 1: 처리 부분 1; break;    // 변숫값이 값 1과 같을 때 처리 부분 1 실행
  case 값 2: 처리 부분 2; break;    // 변숫값이 값 2와 같을 때 처리 부분 2 실행
  …
  case 값 n: 처리 부분 n; break;    // 변숫값이 값 n과 같을 때 처리 부분 n 실행
  default: 처리 부분;               // 변숫값이 어떤 것과도 같지 않을 때 처리 부분 실행
}
```

이 제어문에서는 case 뒤에 있는 값 1~n에 따라 처리 부분 1~n을 실행한다. 이 제어문에서 주의해야 할 점은 case 문의 값 뒤에 콜론(:)이 있다는 것과 case가 끝날 때마다 break;를 작성한다는 점이다. **break** 문은 switch 문 아래에 있는 중괄호에서 switch 문을 끝내려고 (탈출) 사용한다. break 문의 사용법은 3.4.6절에서 다시 설명한다.

마지막에 있는 **default** 문에는 어떤 case 문의 값과도 일치하지 않을 때 실행되는 처리 부분이 작성되어 있다.

이제 switch-case 문의 순서도를 살펴보자. 제대로 된 순서도는 아니지만 알기 쉽게 만들려고 switch 문의 조건 판단을 마름모 상자 하나에 넣었다.

그림 3-8 **switch-case 제어문 순서도**

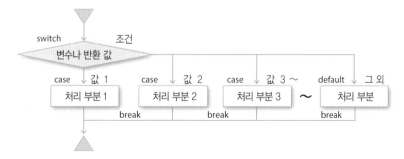

다음으로 switch-case 제어문 예제를 소개한다. 스케치 3-6은 키보드로 입력된 것 중 소문자 a와 b를 대문자 A와 B로 바꾼 뒤 시리얼 모니터로 출력한다.

실행하고 나서 a나 b 또는 다른 문자를 입력하고 Enter 키를 눌러 보자. a나 b를 입력하면 A와 B가 표시되고, 다른 문자를 입력하면 아무것도 표지되지 않는다.

스케치 3-6 **switch-case 제어문을 사용한 예제**

```
void setup() {
  Serial.begin(9600);        // 시리얼 통신 속도 설정
}
void loop() {
  char ch = Serial.read();   // 키보드에서 읽어 들임
  switch (ch) {
  case 'a':
    Serial.print('A');       // 소문자 a를 대문자로 바꾸어 표시
    break;
  case 'b':
    Serial.print('B');       // 소문자 b를 대문자로 바꾸어 표시
    break;
  }
}
```

4.4 변수를 사용해 반복해 보자(for 제어문)

이번 절에서는 반복 제어문을 소개한다. 아두이노에서는 for, while, do-while 문이 반복 제어문으로 사용된다.

for 문은 다음과 같이 사용한다.

for 제어문 사용 방법

```
for (초기 처리; 조건; 변화 처리) { 처리 부분 }
```

이 제어문을 그림 3-9의 순서도로 이해해 보자. 우선 ❶ 초기 처리를 수행하고 다음으로 ❷ 반복 조건을 판단하여 ❸ 참이면 처리 부분을 실행하고 거짓이면 for 문을 종료한다. ❸ 처리 부분이 끝난 다음에는 ❹ 변화 처리를 수행하고 ❷ 반복 조건 판단으로 다시 돌아간다.

그림 3-9 **for 제어문 순서도**

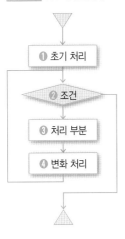

다음 스케치 예제는 for 문으로 변숫값을 하나씩 증가시킨다. 이 예제를 실행해 보면 시리얼 모니터에 숫자 0부터 9가 한 줄에 하나씩 표시된다.

스케치 3-7 **for 제어문을 사용한 예제**

```
void setup() {
  Serial.begin(9600);            // 시리얼 통신 속도 설정
  for (int i=0; i<10; i++) {
    Serial.println( i );         // i 값을 표시 후 줄 바꿈
  }
}
void loop() {}
```

4.5 조건을 사용해 반복해 보자(while 제어문과 do-while 제어문)

반복문은 for 문 외에도 while을 사용한 제어문이 두 가지 있다. 그중 하나가 while 제어문이다.

> **while 제어문 사용 방법**
> while (조건) { 처리 부분 }

다른 하나는 do-while 제어문이다.

> **do-while 제어문 사용 방법**
> do { 처리 부분 } while (조건)

이 둘의 차이는 조건이 거짓(false)일 때 while 제어문은 처리 부분을 한 번도 실행하지 않고 끝나지만, do-while 제어문은 반드시 한 번은 처리 부분을 실행한다. 이 차이를 이해하고 사용할 수 있도록 하자.

그림 3-10은 while 문의 순서도이고, 그림 3-11은 do-while 문의 순서도이다.

그림 3-10 **while 제어문 순서도**

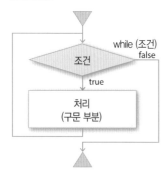

그림 3-11 do-while 제어문 순서도

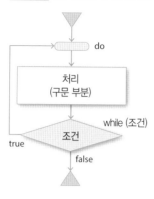

스케치 3-8은 이 두 제어문을 사용한 예제다.

스케치 3-8 while과 do-while 제어문을 사용한 예제

```
void setup() {
  Serial.begin(9600);            // 시리얼 통신 속도 설정
  int i = 2;
  do { Serial.println(i--);      // do-while 안에서 1 감소
  } while (i > 0);
  Serial.println("--------");
  while (i < 0) {
    Serial.println(i++);         // while 안에서 1 증가
  }
  Serial.println("--end--");
}
void loop() {}
```

처음 do-while은 변수 i 값만큼 반복한다. 초깃값은 2이므로 2번 반복한다. 하지만 앞에서 i는 이미 0이 됐으므로 다음에 오는 while (i < 0)의 처리 구문을 수행하지 않는다. 결과는 다음과 같다.

```
2
1
--------
--end--
```

여기서 뒤에 있는 while (i < 0)을 while (i < 1)로 바꿔 보자. 이렇게 바꾸면 while의 처리 구문이 한 번만 실행된다.

loop 함수 안에서 프로그램 실행을 중단할 때는 while (true); 또는 while (1);을 사용한다. 이렇게 하면 프로그램이 무한 루프에 빠지게 되고 이 루프에서 빠져나가지 않으므로 다른 모든 처리가 중단된다.

4.6 break 문 사용

break 문은 제어문 등의 반복이나 처리 부분 도중에 빠져나가고 싶을 때 사용하는 편리한 구문이다. break 문은 switch-case 문을 다룰 때도 소개했지만, if, for, while, do-while 같은 다른 제어문에도 사용할 수 있다.

예를 들어 보자. 스케치 3-9에서 아날로그 입력 포트 A0의 입력 값이 60 이상 (60 < analogRead(A0))이면 반복을 수행한다. 하지만 아두이노가 켜졌을 때부터 30초가 지나면, 시간 변수 tm이 30,000밀리초 이상이 되므로 break 문을 수행하여 처리를 중단한다.

스케치 3-9 **break 문을 사용하는 예제**

```
// 앞부분은 생략했다. 이 코드만으로는 동작하지 않는다.

long tm = millis();    // millis() 함수는 아두이노가 켜졌을 때부터 흐른 밀리초를 반환한다.
while (60 < analogRead(A0))
  { if (millis() - tm > 30000) break; }
```

내장 함수 millis()는 아두이노가 켜졌을 때부터 시간이 얼마나 흘렀는지 나타낸다. millis() 함수로 경과 시간을 시간 변수 tm에 보관해둔다(millis 함수는 3.6.4절 참조).

if (millis()-tm > 30000)는 경과 시간이 30초를 넘으면 중단(break)한다. 즉, A0번 핀의 입력 값이 계속 60 이상이더라도 경과 시간이 30초를 넘으면 while 문에서 빠져나온다. 이처럼 일정 시간이 흘렀을 때 처리를 중단하는 기술은 자주 나오니 잘 알아두자.

4.7 프로그램 흐름을 생각해 보자(알고리즘)

어떤 작업을 수행하는 프로그램을 작성할 때 작성 방법이 딱 하나만 있는 건 아니다. 다시 말해 답은 여러 가지가 있을 수 있다. 작성 방법은 여러 가지가 있고, 어떤 작성 방법을 택할지는 저마다 다르다. 프로그래밍할 때는 효율적으로 작성하거나 알기 쉽게 작성하기 위한 프로그래밍 기술이 필요하다. 요즘에는 프로그래밍을 효율적으로 하려는 노력이 예전만 못하다. 컴퓨터의 메모리 용량이 커졌고, CPU 처리 속도도 신경 쓰지 않아도 될 정도로 빨라졌기 때문이다.

하지만 아두이노처럼 메모리가 작고, CPU가 그다지 빠르지 않다면 프로그래밍을 효율적으로 하려는 노력이 반드시 필요하다. 특히 메모리를 효율적으로 사용하는 방법이나 처리 속도를 더 빠르게 하는 방법이 필요하다. 효율적으로 프로그래밍하려면 특별한 기술이 필요하다. 이러한 기술을 프로그래밍 세계에서는 알고리즘이라 한다.

여기서는 알고리즘을 자세히 설명하지 않지만, 앞으로 실력을 쌓으려면 알고리즘을 염두에 둔 기술을 익히도록 하자.

5 함수를 사용해 보자

함수는 **내장 함수**(또는 시스템 함수)와 헤더 파일 등에서 불러오는 **외부 함수**, 사용자가 정의해서 쓰는 **사용자 정의 함수**가 있다. 내장 함수는 이미 정의되어 있는 것으로, 앞에서 설명했던 pinMode, analogRead, delay 함수 등이 내장 함수이다. 외부 함수는 아두이노로 특수한 센서나 실드를 사용할 때 제조사나 사용자가 만든 헤더 파일 등으로 제공되는 함수이다. 마지막으로 사용자 정의 함수는 사용자가 새로 정의해서 자유롭게 사용하는 함수를 말한다.

단, setup 함수와 loop 함수는 반드시 있어야 하는 함수이고 형과 매개변수 둘 다 void 형으로 정해져 있다(3.6.6절 참조). 여기서는 사용자 정의 함수를 알아보자.

5.1 함수

함수는 프로그램 안에서 반복적으로 사용되는 처리문을 공통으로 사용할 수 있게 작성하거나 긴 구문을 알기 쉽게 작성하려고 사용한다.

2장과 3.2.9절에서 설명했듯이 함수 선언은 다음과 같이 할 수 있고, 시스템의 입력, 처리, 출력과도 서로 통하는 부분이 있다(시스템은 1.7.1절 참조).

> 데이터형 함수명(매개변수) { 처리 부분 }

함수의 매개변수 부분이 입력 부분이고, 중괄호 안에 있는 것이 처리 부분이며, 반환 값을 돌려주는 부분이 출력 부분이다. 예로 화씨온도(℉)를 섭씨온도(℃)로 바꾸는 함수를 살펴보자.

스케치 3-10 사용자 함수 예제 ① (화씨온도 계산식)

```
// 앞부분은 생략했다. 이 코드만으로는 동작하지 않는다.
// 화씨온도 계산식

float ctemp(int ft) {      // 반환 값이 실수인 함수 선언(매개변수 ft는 정수)
    return (5.0 / 9.0 * (ft - 32.0));
}
```

입력에 해당하는 부분인 매개변수가 int ft이고, ft에는 화씨온도가 입력된다. 처리에 해당하는 부분은 9.0 / 5.0 * (ft - 32.0)이고, 결과는 return으로 반환한다.

다음 예제는 사용자 정의 함수로 시리얼 모니터에 화씨온도와 섭씨온도를 출력하는 스케치이다.

스케치 3-11 **사용자 함수 예제 ② (시리얼 모니터 표시)**

```
void setup() {
  Serial.begin(9600);      // 시리얼 통신 속도 설정
  int   f;                 // 화씨온도 변수 정의
  float c;                 // 섭씨온도 변수 정의
  for (int f=0; f<100; f+=10) {        // 화씨온도 0부터 100까지 10단위로 증가
    c = ctemp((float)f);               // 화씨온도에서 섭씨온도로 바꾸는 함수 사용
    Serial.print( f ); Serial.print(" F : ");       // 화씨온도 표시
    Serial.print( c ); Serial.println(" C");        // 섭씨온도 표시
  }
}
void loop() {}
float ctemp(int ft) {     // 화씨온도에서 섭씨온도로 바꾸는 함수
    return (5.0 / 9.0 * (ft - 32.0));
}
```

실행하면 결과는 다음과 같다.

```
0 F : -17.78 C
10 F : -12.22 C
20 F : -6.68 C
30 F : -1.11 C
40 F : 4.44 C
50 F : 10.00 C
60 F : 15.56 C
70 F : 21.11 C
80 F : 26.67 C
90 F : 32.22 C
```

5.2 void 형 매개변수와 반환 값

매개변수는 함수에 전달되는 값(입력)이고, 함수를 선언할 때 데이터형과 함수 안에서 사용할 변수명을 정해준다. 매개변수는 여러 개를 선언할 수도 있고, 선언하지 않아도 된다. 마찬가지로 반환 값이 없는 함수도 있다.

반환 값이 없는 함수는 void로 선언한다. 반환 값이 없는 함수를 **프로시저** 혹은 **절차 함수**라고 한다. 아두이노의 필수 함수인 setup 함수와 loop 함수는 반환 값의 데이터형과 매개변수를 모두 void로 선언한다.

5.3 재귀 호출을 배워 보자

C언어는 재귀로 함수를 호출할 수 있다. 재귀 호출이란 함수 내에서 자기 자신을 다시 호출하는 것이다. 다음 예제는 매개변수(정수) i를 입력받아, i팩토리얼*을 계산해주는 함수이다.

```
int fn(int i) {      // 매개변수 i로 i팩토리얼 계산식
    return (i > 0 ? i * fn(i - 1) : 1);
}
```

재귀 호출은 논리 처리 등에 사용되는 알고리즘으로, 오래전부터 검색(탐색 문제) 등에 사용됐다. 아두이노로 프로그램 알고리즘을 공부하는 것도 나쁘지 않은 생각이다. 단, 메모리 소비량이 많아지니 주의하기 바란다.

5.4 외부 함수를 사용해 보자

아두이노에서 사용할 수 있는 일부 전자 부품이나 실드는 헤더 파일로 외부 함수를 준비해 둔 것도 있다. 외부 함수를 불러와 사용하기만 하면 힘들게 직접 만들 필요가 없고 간단히 스케치를 작성할 수 있다.

---

* **역주** n!(n팩토리얼)은 숫자 1부터 n까지의 정수를 모두 곱한 값이다. 예를 들어 5!(5팩토리얼)은 1x2x3x4x5를 계산한 값이다.

이러한 외부 함수들은 전자 부품이나 실드에 맞춰 제공되므로 인터넷에서 제품 번호 등을 검색해서 내려받아 사용하면 된다.

6 자주 사용하는 것들

이 절에서는 도움이 되는 정보들을 소개한다. 어느 것 하나 빠짐없이 중요한 내용이므로 한 번씩은 꼭 읽어 보기 바란다.

6.1 배열

배열은 데이터를 모아놓은 것이고, 일차원 배열이나 다차원 배열로 정의할 수 있다. 배열을 사용할 때는 대괄호([ ])로 값을 넣거나 읽어올 수 있다. 또한, 변수를 만들 때 중괄호({ })로 값을 설정할 수 있다. 다음은 배열 예제이다.

```
int x[] = {2, 4, 5, 6, 9};
char ch[] = {'a', 'x', 'y', 'c'};
char weekday[7][4] = {"Mon", "Tue", "Wed", "Fri", "Sat", "Sun"};
```

이 예제에서 weekday 배열은 길이를 [7][4]로 정의했다. 아두이노에서는 문자열 끝을 표시하기 위해 \0(널, NULL) 문자가 포함돼야 하므로 여기서는 문자 길이에 1을 더해서 [4]로 설정했다. 이 점을 주의하자.

6.2 구조체

구조체는 데이터를 모아놓을 때 편리한 도구이다. 예를 들면 날짜 구조체 date를 정의할 때는 년, 월, 일, 요일을 모두 모아 다음과 같이 정의한다.

```
struct date {int year; byte month; byte day; char wday[4];};
```

그리고 다음과 같이 사용한다.

```
date oday, nday;
```

다시 말해 구조체를 정의하면 새로운 데이터형으로 date를 사용할 수 있다. 또한, 구조체 내부의 변수 설정이나 복사는 다음과 같이 할 수 있다.

```
oday.year = 2013;
oday.month = 12;
oday.day = 11;
strcpy(oday.wday, weekday[2]);
```

구조체끼리 복사하려면 다음과 같이 간단하게 할 수 있다.

```
nday = oday;
```

이처럼 구조체는 복잡한 데이터를 모아놓은 데이터형으로, 구조체를 사용하면 편리하다. 실력을 높이고 싶다면 구조체를 반드시 사용해 보자.

6.3 문자와 문자열 함수

화면 출력용 시리얼 모니터나 LCD 등을 사용할 때는 문자 처리를 해야 한다. 이때는 문자열 연결, 비교, 복사 같은 작업을 자주 사용한다. 이런 작업에 필요한 함수를 알아보자.

표 3-7 **문자열 처리 함수**

문자 함수	설명
strcat	문자열 연결
strchr, strstr	문자열에서 문자 검색, 문자열에서 문자열 검색
strcmp, strncmp	문자열 비교
strcpy	문자열 복사
strlen	문자열 길이

이 외에도 String 클래스를 사용한 처리나 C언어의 포인터를 사용한 문자열 처리도 있지만, 여기서는 설명하지 않는다.

6.4 시간 제어 함수

아두이노에는 밀리초나 마이크로초[*]로 시간을 제어할 수 있는 함수가 있다. 이 함수들을 사용해서 시작 시각부터 또는 일정한 시간 간격으로 프로그램 제어를 할 수 있다. 시간 제어에 관한 내용은 7.1절을 참고하기 바란다.

표 3-8 **시간 제어 함수**

시간 제어 함수	설명
millis( )	아두이노가 켜졌을 때부터 흐른 시간을 반환(밀리초)
micros( )	아두이노가 켜졌을 때부터 흐른 시간을 반환(마이크로초)
delay(ms)	대기 시간을 설정(밀리초)
delayMicroseconds(us)	대기 시간을 설정(마이크로초)

---

* 역주 마이크로초는 10의 −6승이다. 즉 100,000분의 1초이다.

6.5 아두이노의 setup 함수, loop 함수와 표준 C언어의 main 함수의 관계

아두이노 스케치에서는 다음 두 함수를 반드시 선언해야 한다.

아두이노에 꼭 필요한 setup 함수와 loop 함수
```
void setup()
{
}
void loop()
{
}
```

C언어 표준에서는 일반적으로 main 함수가 필수 함수이고, 다음과 같은 형태로 되어있다 (≪레시피로 배우는 아두이노 쿡북(Arduino Cookbook)≫(마이클 마고리스 지음, 제이펍, 2012)에서 발췌).

```
int main(void)
{ init();
  setup();
  for (;;)
    loop();
  return 0;
}
```

init 함수는 하드웨어 초기화를 수행하고 사용자는 그 후에 setup과 loop를 정의해야 한다.

6.6 문제가 생겼을 때는 어떻게 할까

아두이노를 공부할 때는 몇 번이고 시도해보고 오류를 찾는 작업 속에서 여러 가지를 경험하고 배울 수 있다. 하지만 컴파일할 때 디버깅만으로도 매우 힘들고, 하드웨어까지 전부 알아야 해서 복잡한 것을 완성하는 데는 많은 경험과 시간이 필요하다.

이 시간을 짧게 하려면 이미 다른 사람이 겪은 문제의 해결법을 모은 책자나 인터넷 정보를 활용하는 게 중요하다. 문제가 발생했다면 하나하나 원인을 따져보고, 그에 따른 대책을 찾아볼 궁리를 해 보자.

2부

기초편

1장에서 '시스템이란 입력과 출력, 그리고 처리 기능을 가진 것'이라고 설명했다. 아두이노에서 '입력'은 센서 등의 전자 부품이 하고, '출력'은 스피커나 LED 같은 장치로 한다는 것도 설명했다. 이어서 2장에서는 아두이노 통신을 사용한 아날로그와 디지털 입출력을 설명했다. 마지막으로 3장에서는 '처리'를 수행하는 프로그래밍을 설명했다. 자, 이제 어떤가? 지금까지 배운 내용으로 아두이노 기초 프로그래밍 정도는 이해할 수 있는가?

2부 기초 편에서는 아두이노에서 사용하는 전자 부품의 아날로그 입출력과 디지털 입출력이 어떻게 다른지 설명하고, 제어(프로그래밍, 처리) 방법을 알아본다.

대부분의 전자 부품은 부품의 성질에 따라 아날로그 입출력인지 디지털 입출력인지 미리 정해져 있다. 또한, 아두이노에서는 전자 부품의 아날로그 입출력과 디지털 입출력을 각각 다른 함수로 처리한다. 4장과 5장에서는 기본 함수를 사용한 아날로그 입출력과 디지털 입출력 방법을 알아본다.

4장에서는 입력 부품의 아날로그 입력과 디지털 입력을 알아보고, 5장에서는 출력 부품의 아날로그 출력과 디지털 출력을 알아본다. 각각의 차이를 확실히 배울 수 있도록 해 보자.

입력 부품을
능숙하게 사용하자

입력 부품 예

4장에서는 입력 부품을 어떻게 사용하는지 알아본다. 입력 부품으로는 스위치, 볼륨, 다양한 센서 등이 있다. 이런 부품들은 온도나 습도, 소리 같은 외부 환경이 어떻게 변하는지를 읽어서 아두이노에 입력 값으로 전달한다.

<u>그림 4-1</u> **입력 부품(주로 센서가 많음)**

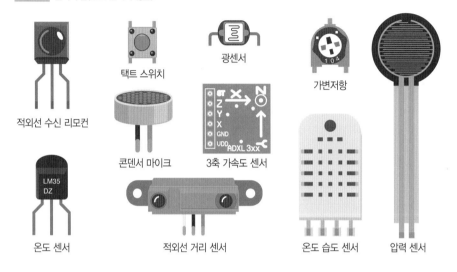

적외선 수신 리모컨   택트 스위치   광센서   가변저항

콘덴서 마이크   3축 가속도 센서

온도 센서   적외선 거리 센서   온도 습도 센서   압력 센서

지금부터 디지털 입력 부품으로는 스위치와 볼륨, 아날로그 입력 부품으로는 간단하게 사용할 수 있는 가변저항을 다뤄 보며 입력 부품 사용법을 배워 본다.

전자 부품이 아날로그 입력인지 디지털 입력인지에 따라 사용하는 함수가 다르다. 이를 구분하는 것은 아주 중요하다. 아날로그 입력과 디지털 입력에 사용하는 각 함수를 표로 정리해 두었다. 어떤 전자 부품에 어떤 함수를 사용해야 하는지도 정리해 두었으니 표를 보며 공부해 보자.

입력 부품에는 센서도 있고, 마이크, 카메라, 키보드, 마우스 등 많은 것이 있다. 표 4-1에 아날로그 입력 부품과 디지털 입력 부품, 그리고 각각이 사용하는 함수를 정리해 두었다.

전자 부품에 따라 아날로그 입력에 연결해야 할지 디지털 입력에 연결해야 할지를 생각해야 하고, 그에 따라 사용하는 함수가 다르니 잘 알아두길 바란다.

표 4-1 **아날로그와 디지털 입력 함수와 전자 부품(일반)**

입력 방법	아날로그 입력	디지털 입력
사용하는 전자 부품	· 볼륨 · 가변저항 · 광센서 · 온도 센서 · 적외선 거리 센서 · 가속도 센서	· 스위치 · 진동/기울기 센서 · 기울기 센서 · 자기장 센서 · 인체 감지 센서 · 적외선 리모컨 수신 모듈
사용하는 함수	analogRead	pinMode와 digitalRead

* 고급 센서 중에는 이 표와 다른 제품도 있다.

표 4-1과 함께 1장에 있는 그림 1-10, 그리고 다음 표 4-2에 정리한 아두이노 보드의 아날로그와 디지털 입력 포트 위치도 충분히 숙지하기 바란다.

표 4-2 **아두이노 우노의 입력 포트**

신호	아두이노 우노의 입력 포트(관련 함수)
아날로그 입력	A0~A5(analogRead 함수 사용)
디지털 입력	① D0~D13(pinMode와 digitalRead 함수 사용) (A0~A5는 각각 D14~D19로도 사용 가능) ② 시리얼 통신(UART, I2C, SPI)

이어서 아두이노가 입력 부품의 값을 읽는 데 사용하는 디지털 입력 함수와 아날로그 입력 함수, 그리고 디지털 입력에서 중요한 풀업 저항을 알아보자.

1.1 아날로그 입력 함수

아두이노에 아날로그 전자 부품(가변저항과 볼륨 등)을 연결해서 데이터 값을 읽으려면 아날로그 입력 함수 analogRead를 사용해야 한다. 아날로그 입력 함수 analogRead의 반환 값(전자 부품이 읽는 값)은 정숫값 0~1023이다.

표 4-3 **아날로그 입력 함수**

함수 이름	설명
analogRead(핀 번호);	**아날로그 입력 값을 읽는다.** **반환 값**: 0~1023 　　0은 0V를 의미하고, 1023은 5V를 의미한다.

정숫값 0~1023을 반환한다는 것은 아날로그 값을 1024개로 나누어 읽을 수 있다는 말이다. 물론 이 값을 **단위**가 있는 값(거리는 cm, 온도는 ℃, 습도는 % 등)으로 바꾸려면 각 전자 부품의 변환식(계산식)을 사용해야 한다. 그리고 계산식은 전자 부품 설명서에 있는 그래프나 식을 사용해서 프로그래밍해야 한다.

1.2 디지털 입력 함수

표 4-4에 디지털 입력에 필요한 함수를 정리했다. 디지털 입력에는 **pinMode**와 **digitialRead** 함수를 사용한다.

표 4-4 **디지털 입력 함수**

함수 이름	설명
pinMode(**핀 번호, 모드**);[*]	**핀 동작을 입력이나 출력으로 설정한다.** 　• **핀 번호**: 설정할 핀 번호 　• **모드**: 입력(INPUT 또는 INPUT_PULLUP)
digitalRead(**핀 번호**);	**디지털 입력 값을 읽는다.** 　• **반환 값**: On 상태(HIGH) 또는 Off 상태(LOW) 　• **핀 번호**: D0~D13 또는 A0(D14)~A5(D19) 사용 가능

[*]　모드가 INPUT일 때는 생략할 수 있다.

pinMode 함수는 디지털 입출력 설정을 할 때 사용한다. 따라서 이 함수의 두 번째 매개변수인 **모드**에는 OUTPUT, INPUT, INPUT_PULLUP 중 하나를 설정한다. 참고로 pinMode 함수의 두 번째 매개변수인 '모드'가 INPUT일 때는 pinMode 함수 자체를 생략할 수 있다.

digitalRead로 읽는 값은 HIGH(=1)나 LOW(=0) 중 하나이므로 초음파 센서 등에서 나오는 신호를 거리로 바꿀 때는 조금 복잡한 처리가 필요하다. 이에 관해서는 6장에서 자세히 설명한다.

1.3 디지털 입력에 사용하는 풀업 저항

전자 회로에는 **풀업 저항**이라는 것이 있다. 디지털 입력은 일반적으로 HIGH와 LOW의 중간값을 가지면 오작동을 일으킨다. 아두이노에서는 이러한 오작동을 예방하기 위해 pinMode 함수에 풀업 저항을 도입했다.

디지털 입력 함수 digitalRead는 입력 부품에서 입력 값을 읽는 함수다. 이 함수는 pinMode 함수의 모드가 INPUT으로 설정됐거나 아무것도 설정되지 않았을 때 **HIGH**(약 3.0V 이상)나 **LOW**(약 2.0V 이하)를 반환한다. 하지만 생각했던 값이 아닌 값을 반환할 때가 있다. 이때는 그림 4-2처럼 디지털 입력 포트 D8번 핀과 GND를 서로 연결한 후 스케치 4-1을 실행하면 어떤 값을 반환하는지 확인할 수 있다.

그림 4-2 **아두이노 풀업 저항 테스트용 배선**

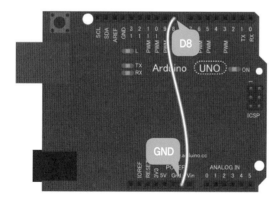

스케치 4-1 pinMode를 사용한 풀업 저항 테스트

```
void setup() {
  Serial.begin(9600);
  pinMode(8, INPUT);  // INPUT을 INPUT_PULLUP으로 변경
}
void loop() {
  Serial.println(digitalRead(8));  // 디지털 D8 값 표시
  delay(1000);
}
```

> pinMode(8, INPUT);은 생략할 수 있다

이 상태에서 케이블을 연결해 보거나 연결을 끊어 보며 시리얼 모니터에 출력되는 값을 확인해 보자. pinMode의 두 번째 매개변수가 INPUT이면 항상 0이나 1만 나오는 것은 아니다.

그러면 이 스케치의 세 번째 줄에 있는 모드 매개변수 INPUT을 **INPUT_PULLUP**으로 바꿔서 실행해 보자. 이번에는 항상 0이나 1만 표시될 것이다.

실제로는 케이블을 연결했을 때 0(=LOW)이 표시되고 연결을 끊었을 때 1(=HIGH)이 표시되어야 한다. INPUT_PULLUP은 풀업 저항을 선언하는 것인데, 오작동을 예방하는 중요한 것이므로 꼭 기억해 두자.

> **TIP**
> 제일 처음에 나왔던 IDE에서는 풀업 저항 매개변수인 INPUT_PULLUP을 지원하지 않았다. 예전에는 디지털 출력 함수 digitalWrite를 사용해서 다음과 같이 작성했다. 물론 이 방법은 지금도 사용할 수 있다.
>
> ```
> pinMode(8, INPUT);
> digitalWrite(8, HIGH);  // 디지털 출력 함수에서 HIGH를 선언
> ```

2 아날로그 입력(가변저항과 전압 측정)을 배워 보자

아날로그 입력에 연결하는 전자 부품은 표 4-3에 나와 있듯이 analogRead 함수로 값을 읽는다. analogRead 함수는 정숫값 0~1023을 반환하고, 아두이노 우노에서 0~1023 값은 전압 0~5V에 해당한다.

아날로그 입력에 사용하는 전자 부품으로는 광센서, 온도 센서, 거리 센서 등 센서 종류가 많다. 간단하게 사용할 수 있는 것으로는 가변저항(볼륨 등)이 있다. 가변저항에서 출력되는 아날로그 입력 값을 읽으면 반환 값으로 0~1023을 돌려준다. 구체적으로 예를 들면 광센서가 밝은 빛을 감지하거나 온도 센서가 높은 온도를 감지하면 반환 값은 작아진다.

아날로그 전자 부품 중 일부는 측정한 값에 단위를 붙여야 할 때가 있다. 온도 센서의 단위는 섭씨온도(℃)나 화씨온도(°F)이고, 거리 센서의 단위는 cm(센티미터)나 inch(인치)다. 즉, analogRead가 반환하는 0~1023 값을 이 단위에 맞게 바꿔야 한다. 단위에 맞게 바꾸려면 변환식이 필요하다.

지금부터 가변저항(볼륨 등)을 사용해서 저항 값을 읽고 건전지 전압을 측정해 보자. 참고로 저항 값의 단위는 Ω(옴)이고, 전압 값의 단위는 V(볼트)이다.

2.1 가변저항과 배선

가변저항에는 세 개의 핀(리드선)이 있다. 우선 그림 4-3처럼 각 핀을 아두이노의 GND, 전원(5V), 아날로그 입력 포트 A0에 연결해 보자. 가변저항의 핀에는 극성이 없어서 플러스와 마이너스를 신경 쓰지 않아도 된다. 즉, 양쪽 끝에 있는 다리 중 하나는 GND에 나머지 하나는 전원에 아무렇게나 연결하고, 가운데 핀을 아날로그 입력 포트 A0에 연결하면 된다는 말이다. 여기서는 10kΩ 가변저항을 사용하지만 이보다 큰 저항도 상관없다.

그림 4-3 **가변저항을 사용한 연결 예제**

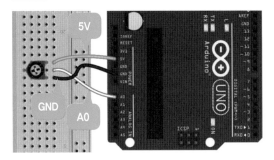

2.2 가변저항을 사용하는 스케치 작성

analogRead 함수로 가변저항 값을 읽는 스케치를 작성해 보자. 이 스케치는 가변저항 값을 시리얼 모니터에 표시한다.

스케치 4-2 **가변저항 값을 시리얼 모니터에 출력**

```
void setup() {
  Serial.begin(9600);
}
void loop() {
  Serial.println(analogRead(A0));      // 아날로그 A0 값 표시
  delay(1000);
}
```

시리얼 모니터에 출력되는 가변저항 값은 저항 값이 아니다. 저항 값을 표시하려면 변환식이 필요하다. 최댓값 1023이 반환됐을 때는 전압 5V를 측정한 것이므로 저항 값은 0Ω이 된다. 반대로 최솟값 0이 반환됐을 때는 전압 0V를 측정한 것이므로 저항 값은 10kΩ이 된다. 그러므로 이 저항 값을 제대로 표시하려면 변환식이 추가해야 한다. 스케치 4-3의 5번째 줄에 있는 변환식을 살펴보자. 물론 표시되는 값의 단위는 Ω(옴)이다.

```
void setup() {
  Serial.begin(9600);
}
void loop() {
  Serial.println((1023 - analogRead(A0)) / 1023.0 * 10000.0); // 가변저항 (A0) 표시
  delay(1000);
}
```

이 변환식에서 주의해야 할 것이 있다. 변환식에서는 정수 1023과 실수 1023.0을 사용하고 있다. (1023 - analogRead(A0))에서는 정숫값이 나오지만, 이 값을 1023.0으로 나누면 실수로 바뀐다. 마지막에는 10kΩ의 10k에 해당하는 10000.0을 곱해주는 것도 잊지 말자.

시험 삼아 1023.0과 10000.0의 소수점 이하를 버리고 정수로 바꿔 보자. 이때 출력되는 값은 대부분 0일 것이다. 정숫값만 있어서 정수 계산이 되고 (1023 - analogRead(A0)) / 1023의 값은 대부분 0이 되기 때문이다(저항이 0, 즉 analogRead(A0)가 0일 때만 이 식은 1이 된다).

그러면 변환식을 이해했으니 설명했던 1023.0과 10000.0 두 실수를 좀 더 살펴보자. 다음은 변환식을 바꾼 예제이다.

■ 변환식 ②

```
10000.0 - analogRead(A0) / 0.1023
```

■ 변환식 ③

```
(1023 - analogRead(A0)) / 0.1023
```

둘 다 제대로 된 값을 출력하지만 컴파일 후 실행 파일의 메모리 크기는 스케치 4-3이 4,206바이트이고, 변환식 ②를 사용한 스케치가 4,200바이트, 변환식 ③을 사용한 스케치가 4,196바이트로, 변환식 ③을 사용했을 때가 가장 작다.

물론 스케치는 읽기 편하게 작성하는 것도 중요하므로 메모리 크기가 작아지더라도 변환식을 읽기 어렵게 쓰는 것은 피하도록 하자.

2.3 건전지 전압 측정

analogRead 함수를 사용해서 건전지 전압을 측정해 보자. 아두이노로 측정할 수 있는 건전지의 최대 전압은 5V이다. 건전지의 전압이 5V보다 크면 아두이노를 망가뜨릴 수 있으니 절대로 사용하면 안 된다. 건전지의 플러스를 아날로그 입력 포트 A0에 연결하고, 마이너스를 GND에 연결한다. 건전지를 연결할 때는 플러스와 마이너스 **극성**이 있으니 틀리지 않게 주의하자.

그림 4-4 건전지 전압 측정

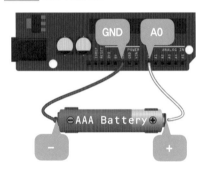

방금 전에 가변저항에 사용했던 스케치 4-2를 실행해 보자. 올바른 값을 읽는가?

계속해서 변환식을 넣은 스케치 4-4를 실행해서 확인해 보자. 여기서 analogRead 함수의 반환 값은 0~1023(0~5V)이다.

스케치 4-4 건전지 전압 측정

```
void setup() {
  Serial.begin(9600);
}
void loop() {
  float vt = (float)analogRead(A0) / 1023.0 * 5.0;    // 5V를 사용하는 아두이노일 때
  Serial.println(vt);
  delay(1000);
}
```

loop 함수 안의 첫 번째 줄에는 0~1023 값을 0~5V로 바꾸는 다음과 같은 변환식이 있다.

```
float vt = (float)analogRead(A0) / 1023.0 * 5.0;
```

이 변환식은 analogRead(A0)로 읽은 센서 값을 1023으로 나눈 후 5를 곱하는 간단한 식이다. 이때 단위는 V(볼트)이다.

이 변환식도 다음과 같이 살짝 바꿔 보자.

■ **변환식 ②**

```
(float)analogRead(A0) * 4.888E-3;
```

이 식에서 4.888E-3은 5.0 / 1023.0을 계산한 0.004888과 같은 값이고, E는 '10의 거듭 제곱'을 나타낸다. 즉 4.888E-3은 4.888×10^{-3}과 같은 숫자다.

2.4 변환식에 편리한 map 함수를 배워 보자

4.2.2절과 4.2.3절에서 사용했던 변환식은 모두 다 비례식을 사용한 것이다. 이처럼 비례식을 사용할 때는 비례 변환을 수행하는 map 함수를 사용하면 더 간단하게 식을 쓸 수 있다.

표 4-5에 map 함수에 대한 설명을 정리했다.

표 4-5 map 함수

함수 이름	설명
map(값, As, Ae, Bs, Be);	**값을 설정 범위 안에서 비례식으로 치환한다.** · **반환 값**: 계산 후의 값(Bs와 Be 사이의 값: 정수) 값: 계산 전 값 As, Ae: 계산 전 범위(As부터 Ae까지) Bs, Be: 계산 후 범위(Bs부터 Be까지)

이 함수는 아날로그 입력 함수의 반환 값 0~1023을 사용하고, 이 값을 최솟값부터 최댓값까지에 매핑하여(값을 하나하나 대응하여) 매핑한 값을 반환한다.

map 함수를 사용하면 4.2.2절의 가변저항 변환식과 4.2.3절의 건전지 전압 측정 변환식을
다음과 같이 바꿔 쓸 수 있다.

■ **가변저항 변환식**

```
Serial.println(map(analogRead(A0), 0, 1023, 0, 10000));
```

■ **건전지 전압 측정 변환식**

```
float vt = (float)map(analogRead(A0), 0, 1023, 0, 500) / 100.0;
```

그림 4-5 **map 함수를 사용한 가변저항 값 변환**

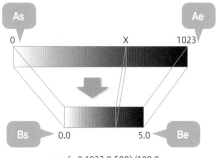

그림 4-5는 0~1023으로 출력되는 센서 값을 map 함수를 사용해서 한 번에 0~500으로 바
꾼 것을 나타낸다. 건전지 전압 측정 변환식은 100.0으로 나누는데, 이렇게 해야 vt 값이
0.00~5.00으로 출력된다.

건전지 전압 측정 변환식에서 100.0이 아닌 100으로 나누면 정숫값만 반환한다. 실수를 반
환해야 할 때는 100.0으로 나누어야 하는 것을 주의하자.

가변저항 변환식을 map 함수를 사용해서 컴파일하면 실행 파일의 메모리 크기는 2,882바이
트로, 이전 메모리 크기의 약 70% 정도로 작아진다. 한 가지 주의할 점은 변환된 후의 값의
폭이 너무 작으면 변환된 값은 항상 정수여서 중간 값이 없어질 수 있다는 것이다.

3 디지털 입력(택트 스위치와 기울기 센서)을 배워 보자

아두이노의 디지털 입력은 단순히 HIGH나 LOW 중 하나를 읽는 것이다.

디지털 입력에 사용하는 전자 부품으로는 스위치와 기울기 센서 등이 있다. 이런 단순한 전자 부품 말고 복잡한 값을 반환하는 전자 부품으로는 초음파 거리 센서나 적외선 리모컨 수신 모듈 등도 있다. 이 절에서는 저렴하고 간단한 택트 스위치와 기울기 센서를 사용하고 디지털 입력 함수 digitalRead를 사용해서 프로그래밍을 해 본다. 기초를 먼저 살펴본 후 택트 스위치를 누르고 있을 때는 아두이노에 부착된 LED가 켜지고 택트 스위치를 누르지 않을 때는 LED가 꺼지는 스케치에 도전해 본다. 이어서 기울기 센서를 기울이면 LED가 켜지는 스케치에도 도전해 보자.

3.1 택트 스위치 사용 방법

택트 스위치는 자주 사용되는 전자 부품 중 하나로, 아두이노 핀 연결에도 쉽게 사용할 수 있다. 하지만 택트 스위치를 사용할 때는 주의할 점이 몇 가지 있다. 우선 택트 스위치의 내부 구조를 알아야 한다. 그리고 4.1.3절에서 설명했던 **풀업 저항** 설정도 필요하다. 아두이노와 연결할 때 스케치에서 풀업 저항 설정을 반드시 하기 바란다.

디지털 입력을 스케치에서 제어하려면 앞서 소개했던 pinMode 함수와 digitalRead 함수를 사용한다. 우선 pinMode(DPin, INPUT);을 입력해서 디지털 핀 번호 DPin이 INPUT이 되도록 선언한다. digitalRead(DPin);으로 반환되는 값은 HIGH(5V 또는 3.3V)와 LOW(0V) 중 하나이다.

이제 택트 스위치의 구조와 스케치에서 제어하는 방법을 배워 보자.

그림 4-6의 오른쪽 사진을 보자. 택트 스위치는 위에 똑딱이 버튼이 있고 아래에 리드선 4개가 있다. 위에 있는 버튼을 누르면 다리 핀(리드선)의 연결 상태가 변한다.

그림 4-6 택트 스위치(왼쪽: 배선 번호, 오른쪽: 사진)

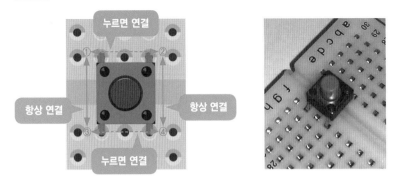

그림 4-6 왼쪽 그림의 배선 번호에 따라 버튼을 누른 상태(ON)와 버튼을 뗀 상태(OFF)의 연결 상태가 다르다. 상태에 따라 연결 상태가 어떻게 달라지는지 살펴보자.

①과 ③은 항상 연결되어 있고, 마찬가지로 ②와 ④도 항상 연결되어 있다. 버튼을 누르면 ①, ②, ③, ④가 전부 연결된다. 버튼을 누르지 않으면 ①, ③쪽과 ②, ④쪽은 연결되지 않는다. 즉, 이 버튼을 사용해서 제어할 때는 ①과 ②를 사용하거나, ③과 ④를 사용하면 된다.

물론 대각선 방향으로 ①과 ④를 사용하거나, ②와 ③을 사용해도 된다.

3.2 택트 스위치를 아두이노와 연결하는 방법

이제 브레드보드에 택트 스위치를 꽂고 점퍼 와이어로 아두이노에 연결해 보자. 그림 4-7 처럼 택트 스위치를 브레드보드 가운데 홈에 걸쳐서 스위치의 리드선을 브레드보드에 꽂는다.

점퍼 와이어 하나는 디지털 2번 핀(D2)에 연결하고, 다른 하나는 GND(접지)에 연결한다. 물론 D2가 아니더라도 스케치에서 바꾸면 되므로 상관없다.

그림 4-7 **택트 스위치 배선**

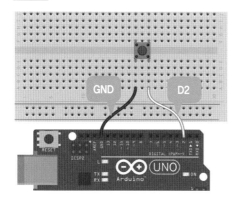

3.3 택트 스위치를 사용하기 위한 스케치 작성

택트 스위치를 사용하기 위한 스케치를 작성해 보자. 우선 setup 함수에서 디지털 입력 D2 핀을 풀업 저항을 고려한 입력 모드로 선언한다. 그리고 디지털 출력 D13 핀, 즉 아두이노에 있는 LED를 출력 모드로 선언한다.

스케치 4-5 **택트 스위치로 LED 켜고 끄기 ①**

```
void setup() {
  pinMode(2, INPUT_PULLUP);        // 택트 스위치 설정 D2
  pinMode(13, OUTPUT);             // 아두이노에 있는 LED(D13) 설정
}
void loop() {
  if (digitalRead(2) == HIGH)  digitalWrite(13, LOW);      // 택트 스위치 OFF
  else digitalWrite(13, HIGH);                             // 택트 스위치 ON
}
```

처음에 pinMode(2, INPUT_PULLUP);로 풀업 저항 선언을 했으므로 GND와 디지털 핀(D2) 사이에는 5V 차가 생기게 된다. 따라서 loop 함수 안의 digitalRead(2);는 HIGH가 된다. 이에 따라 택트 스위치를 누르면 LOW(0V)가 되고, 택트 스위치에서 손을 떼면 HIGH(5V)가 된다.

loop 함수 안에 있는 if-else 제어문의 digitalWrite(13, LOW);로 인해 택트 스위치를 누르면 LED가 켜지고, 택트 스위치에서 손을 떼면 LED가 꺼진다.

이제 스케치를 아두이노에 업로드한 후 택트 스위치 버튼을 눌렀다 뗐다 해 보자. 설명했던 대로 아두이노의 LED 중 L이 켜지고 꺼지는가?

더 나아가 부정 논리 연산자 !를 사용해서 loop 함수 안의 두 번째 줄을 다음과 같이 간단하게 쓸 수도 있다. 실제로 똑같이 동작하는지 확인해 보자.

```
digitalWrite(13, !digitalRead(2));
```

다음으로 LED가 켜져 있을 때 택트 스위치를 누르면 LED가 꺼지고, LED가 꺼져 있을 때 택트 스위치를 누르면 LED가 켜지는 스케치를 작성해 보자. 우선 순서도를 만들어 살펴보자.

그림 4-8 **택트 스위치로 LED를 켜고 끄는 순서도**

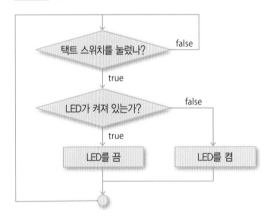

이 순서도대로 스케치를 작성해 보자.

스케치 4-6 **택트 스위치로 LED 켜고 끄기 ②**

```
void setup() {
  pinMode(2, INPUT_PULLUP);    // 택트 스위치를 D2에 연결
  pinMode(13, OUTPUT);
}
```

```
boolean sw = false;    // LED를 켜고 끄는 스위치(초깃값: 끔)
void loop() {
  while (digitalRead(2) == LOW) {    // 택트 스위치가 눌렸는지 판단
    if (sw) digitalWrite(13, LOW);
    else digitalWrite(13, HIGH);
    sw = !sw;
  }
}
```

이 스케치를 업로드해서 실행해 보자. 의도했던 대로 택트 스위치를 누를 때마다 LED가 켜지거나 꺼지는가? 아마 기대했던 대로 되지는 않았을 것이다.

이유는 택트 스위치를 누르거나 떼는 순간 스위치 접촉점의 접촉 상태에 발생하는 채터링 때문이다(그림 4-9 참조). 채터링이란 스위치 등의 접촉점에서 닿은 상태와 떨어진 상태가 한 번에 바뀌지 않고 여러 번에 걸쳐 미세하게 닿았다 떨어졌다 하는 현상을 말한다.

그림 4-9 **택트 스위치를 눌렀을 때의 채터링 상태**

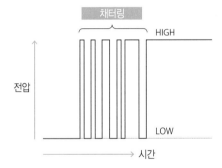

채터링을 고려하여 스케치에서 다시 값을 읽어 보자.

스케치 4-7 **택트 스위치로 LED 켜고 끄기 ③ (채터링을 고려한 것)**

```
void setup() {
  pinMode(2, INPUT_PULLUP);    // 택트 스위치를 D2에 연결
  pinMode(13, OUTPUT);         // 아두이노의 LED(D13) 설정
}
boolean sw = false;
void loop() {
```

```
  while (!chtsw(2)) {        // 스위치가 눌린 상태 확인
    if (sw) digitalWrite(13, LOW);
    else digitalWrite(13, HIGH);
    sw = !sw;                // LED의 상태를 바꿈
  }
  while (chtsw(2));          // 스위치가 떨어진 상태
}

boolean chtsw(byte dx) {     // 채터링을 고려한 택트 스위치 함수
  boolean tsw = digitalRead(dx);
  while (tsw == digitalRead(dx));
  delay(300);
  return !tsw;              // 눌린 상태는 false(LOW), 떨어진 상태는 true(HIGH)
}
```

이 스케치에서는 택트 스위치가 눌린 상태(LOW)와 떨어진 상태(HIGH)를 새로 작성한 함수 chtsw에서 읽고 있다. 다시 말해 스위치를 눌렀을 때의 제일 첫 번째 변화를 읽은 후 0.3초 동안(delay(300)) 대기했다가 값을 반환한다.

여기서 시간 300ms를 100ms로 바꾸면 스위치가 제대로 동작하지 않는다. 이것도 한번 확인해 보자(부품 각각의 접촉 상태에 따라 대기 시간은 달라진다).

또한, loop 함수에서는 택트 스위치를 눌렀을 때뿐만 아니라 누르지 않았을 때도 채터링을 확인하고 있으니 이것도 다시 한 번 확인해 보자.

이밖에도 여러 방법으로 채터링을 고려하여 스케치를 작성할 수 있으니 다른 방법으로도 한 번 시도해 보기 바란다.

3.4 기울기 센서 사용 방법

기울기 센서는 진동 센서, 경사 스위치, 틸트 스위치라고도 한다. 기울기 센서의 구조는 아주 단순하고, 가격은 몇백 원부터 몇천 원까지 다양하다.

여기서는 1개에 약 1,000원 정도 하는 RBS040200 기울기 센서를 사용한다.

그림 4-10 **기울기 센서와 센서의 내부 구조**

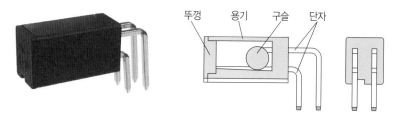

기울기 센서의 구조는 단순하다. 직사각 용기 안에 구슬이 있는데, 용기가 기울어지거나 용기에 진동이 가해지면 안에 있는 구슬이 움직인다. 구슬이 움직여서 두 단자에 닿으면 전기가 통하고, 떨어지면 전기가 통하지 않는다. 즉, 구슬의 움직임으로 기울기나 진동과 같은 환경 변화를 감지할 수 있다. 움직임이 느리고 빠른 것과는 상관없이 변화를 잡아낼 수 있다.

이 센서를 사용하면 지진은 물론이고 사람의 움직임, 바람에 흔들리는 것, 심지어 물의 움직임까지도 잡아내는 물건을 만들 수 있다.

3.5 기울기 센서를 아두이노와 연결하는 방법

그림 4-11처럼 기울기 센서를 브레드보드에 꽂은 후 점퍼 와이어로 기울기 센서의 긴 다리 핀을 디지털 입력 포트 D2에 연결하고, 짧은 다리 핀을 GND에 연결한다. 기울기 센서도 극성은 없으므로 D2와 GND를 바꿔서 연결해도 상관없다.

그림 4-10에서 봤듯이 기울기 센서의 짧은 다리 핀 두 개는 서로 항상 연결되어 있고, 마찬가지로 긴 다리 핀 두 개도 서로 항상 연결되어 있다. 구슬이 움직일 때마다 짧은 다리 핀과 긴 다리 핀 사이에 전기가 통하거나 통하지 않거나 한다.

그림 4-11 기울기 센서를 사용하기 위한 배선

3.6 기울기 센서를 사용하기 위한 스케치 작성

기울기 센서를 다루는 스케치는 택트 스위치를 다룰 때 사용했던 스케치와 내용이 거의 비슷하다. 스케치 4-5를 작성한 후 센서를 기울이거나 센서에 진동을 가해 보자. 기울이거나 진동을 가하면 아두이노의 LED가 켜지고 꺼지는 것을 볼 수 있다.

여기서는 기울기 센서에 진동을 가해 볼 것이다. 예제 코드를 보기 전에 진동을 감지하면 3초 동안 LED를 켜는 스케치를 스스로 생각해서 만들어 보자. 생각했던 것만큼 어렵지 않았길 바란다.

스케치 4-8 진동을 감지하여 LED 켜기

```
void setup() {
  pinMode(2, INPUT_PULLUP);        // 기울기 센서를 D2에 연결
  pinMode(13, OUTPUT);             // 아두이노에 달린 LED(D13) 설정
}
void loop() {
  boolean sw = false;              // 기울기 센서 초기 설정
  while (sw == digitalRead(2));    // 기울기 센서 값이 바뀔 때까지 대기
  digitalWrite(13, LOW);
  delay(3000);
```

```
    digitalWrite(13, HIGH);
}
```

3.7 기울기 센서를 사용하여 전원 바꾸기

이번에는 기울기 센서로 만들 수 있는 재밌는 장치를 생각해 보자. 아두이노에서는 외부 전원을 Vin 포트로 가져올 수 있다. Vin 포트와 기울기 센서를 사용해서 전기를 통하게 하는 스위치를 만들어 보자.

그림 4-12 기울기 센서로 전원을 켜고 끄는 스위치

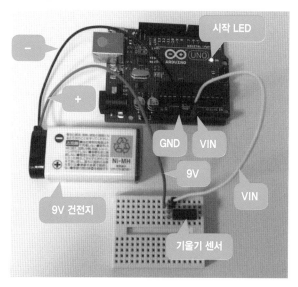

평소에는 전원이 꺼져있고 외부 환경이 변하면 전원이 공급되는 구조이다. 여기에 기울기 센서를 사용하는데 생각보다 구조는 간단하다. 그림 4-9처럼 연결하고 평소에는 기울기 센서를 기울여 놓아서 전원이 공급되지 않게 한다. 그리고 환경 변하는 상황이 발생했을 때 기울기가 변해서 스위치가 켜지게 한다.

예를 들면 항상 저울 한쪽에 추를 두어 추를 두지 않은 반대편을 높게 해 둔다. 그리고 무슨 일이 일어났을 때 추를 없어지게 해서 반대편으로 기울어지게 하여 전원을 공급하는 것이다. 기울어지면 아두이노 위에 있는 시작 LED가 깜빡이므로 제대로 동작하는지 확인할 수 있다. 간단한 범죄 예방 시스템을 만드는 것에도 응용할 수도 있다.

5장

출력 부품을
능숙하게 사용하자

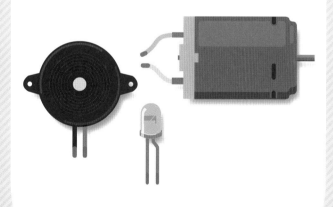

출력 부품 예

5장에서는 출력 부품을 어떻게 사용하는지 알아본다. 출력 부품도 아날로그 방식과 디지털 방식이 있다. 여기서는 LED와 스피커를 다뤄 보며 아날로그 출력과 디지털 출력의 차이를 배워 본다. 또한, 입력 부품을 배울 때와 마찬가지로 각각에 대응하는 함수도 알아보자.

그림 5-1 **출력 부품**

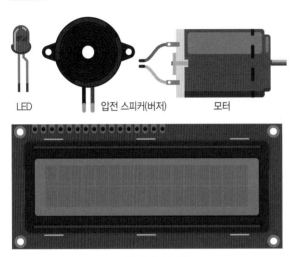

LED　　압전 스피커(버저)　　모터

LCD(액정 디스플레이)

① 아날로그와 디지털 출력을 배워 보자

그림 2-13에서 소개했듯이 출력 부품도 아날로그나 디지털 방식 중 하나를 사용해서 출력을 제어한다. 디지털은 HIGH와 LOW를 단순히 왔다 갔다 하는 단순 제어와 이 반복에서 의미를 읽어내는 고급 시리얼 통신 제어가 있다.

이러한 제어 방법을 배우려면 우선 각 출력 부품이 아날로그인지 디지털인지를 알아야 한다. 이를 표 5-1에 정리해 두었으니 각 부품의 제어 방법을 기억해 두자.

표 5-1 아날로그와 디지털 출력 함수와 전자 부품

출력 방법	아날로그 출력	디지털 출력
사용하는 함수	analogWrite	pinMode와 digitalWrite
사용하는 전자 부품	· LED, 스피커 · 팬 · 일부 모터* 등	· LED, 스피커 · 적외선 리모컨용 LED 등

* 일반 모터는 아날로그로 제어할 수도 있고 디지털로 제어할 수도 있다.

여기서 주목해야 할 점은 LED나 스피커는 아날로그로 제어할 수도 있고 디지털로 제어할 수도 있다는 것이다. 모터는 DC 모터, 스테핑 모터, 서보 모터 등이 있는데, 모터 또한 아날로그로만 제어한다고는 할 수 없다. 일부 모터는 컨트롤러 등을 사용해서 아날로그와 디지털 둘 다를 사용하여 제어해야 한다. 이 절에서는 간단한 아날로그 출력과 시리얼 출력을 배운다. 고급 시리얼 통신을 사용한 출력 부품 제어는 7장에서 설명한다.

표 5-2에 아두이노 우노의 출력 포트와 사용 함수를 정리해 두었다.

표 5-2 아두이노 우노의 출력 포트

신호	아두이노 우노 출력 포트(관련 함수)
아날로그 출력	D3, D5, D6, D9, D10, D11(analogWrite 함수 사용) (PWM 지원)
디지털 출력	① D0~D13(pinMode 함수와 digitalWrite 함수 사용) ② 시리얼 통신(UART, I2C, SPI)

이제 아날로그 출력에 사용하는 함수와 디지털 출력에 사용하는 함수를 자세히 알아보자.

1.1 아날로그 출력 함수

아날로그 출력은 표 5-3의 함수를 사용해 제어한다.

표 5-3 아날로그 출력 함수

함수 이름	설명
analogWrite(핀 번호, 값)	**아날로그 출력을 할 핀에 전압을 설정한다.** • **핀 번호:** 설정할 핀 번호(아두이노 우노는 디지털 핀 D3, D5, D6, D9, D10, D11) • **값:** 출력 값(0~255)이 0이면 0V이고 255면 5V 또는 3.3V

analogWrite 함수를 사용할 때 주의할 점은 사용할 핀 번호를 정해야 한다는 것과 실제로는 **PWM**(Pulse Width Modulation, **펄스 폭 변조**)을 사용하여 유사 아날로그 신호를 출력한다는 것이다.

PWM을 사용할 수 있는 핀은 아두이노 우노 R3의 디지털 입출력 포트 D3, D5, D6, D9, D10, D11이다. 아두이노 우노 기판의 번호 1~13번 중에서 번호 왼쪽에 ~가 붙어있는 것을 확인할 수 있다(그림 1-10 참고).

PWM은 490Hz(1초에 490번 진동, Hz는 헤르츠)로 HIGH와 LOW를 왔다 갔다 하도록 전압을 제어한다. 구체적으로는 HIGH(=5V)와 LOW(=0V)의 진동에 의한 평균 전압이 아날로그 출력 전압이 된다(그림 5-2).

PWM에 관해서는 5.2절에서 자세히 설명한다.

1.2 디지털 출력 함수

디지털 출력으로는 디지털 출력 포트 D0~D13과 아날로그 입력 포트 A0(=D14)~A5(=D19), 이렇게 총 20개의 핀을 사용할 수 있다. 이 포트에 5V(=HIGH) 또는 0V(=LOW) 전압을 걸어서 제어한다.

디지털 출력 부품을 사용할 때는 표 5-4에 있는 두 함수를 반드시 사용해야 한다.

표 5-4 디지털 출력 함수

함수 이름	설명
pinMode(핀 번호, 모드)	핀 동작을 입력이나 출력으로 설정한다. • **핀 번호**: 설정할 핀 번호 • **모드**: 출력일 때 OUTPUT
digitalWrite(핀 번호, 값)	설정한 핀 번호에서 출력되는 값을 HIGH나 LOW로 변경한다. • **핀 번호**: 설정할 핀 번호 • **값**: On 상태(HIGH=1) 또는 Off 상태(LOW=0)

pinMode는 4장에서 설명했듯이 핀 번호에 해당하는 핀의 모드를 선언하는 함수이다. 이 장에서는 디지털 출력 '모드'인 OUTPUT으로 선언한다.

다음으로 digitalWrite는 첫 번째 매개변수 '핀 번호'에 지정한 핀을 두 번째 매개변수 '값'에 있는 HIGH(=1, 5V를 의미, On 상태)나 LOW(=0, 0V를 의미, Off 상태) 중 하나의 상태로 설정한다. 구체적인 사용 방법은 5.3절에서 소개한다.

보충 설명: 스케치 안에서 시스템 변수인 아날로그 출력 포트 A0~A5를 쓸 수 있다. 하지만 디지털 출력 포트 D0~D13은 시스템 변수로 정의되어 있지 않으므로 스케치 안에서 그대로는 사용할 수 없다. 디지털 출력 포트는 0부터 13까지의 숫자를 사용한다. 또한, 아날로그 입력 포트 A0~A5를 디지털 출력 포트 14~19로 사용할 때도 스케치 안에서 A0~A5로 핀 번호를 사용할 수 있다. 물론 14~19로 사용해도 된다.

2 PWM을 사용한 아날로그 출력 (LED와 압전 스피커 제어)을 배워 보자

LED의 밝기를 바꾸거나 스피커에서 소리를 내는 데는 아날로그 출력과 디지털 출력 둘 다 사용할 수 있다. 이 절에서는 우선 PWM(펄스 폭 변조)을 사용한 아날로그 출력을 배우고, LED와 압전 스피커를 사용하는 예제를 소개한다.

2.1 PWM(펄스 폭 변조)

아두이노의 아날로그 출력은 디지털 HIGH와 LOW의 주기를 변하게 하여 전압을 조절한다. analogWrite 함수를 사용한 PWM은 490Hz 주파수로 HIGH와 LOW 사이를 오가며 전압을 변화시킨다. 다시 말해 1초를 490개로 나눈 간격에서 HIGH와 LOW가 전환된다.

그림 5-2 **아두이노의 PWM 제어**

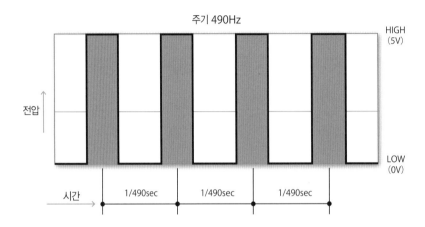

그림 5-3은 아두이노 우노의 PWM과 analogWrite 함수의 관계를 정리한 것이다.

그림 5-3 **PWM과 analogWrite 함수의 관계**

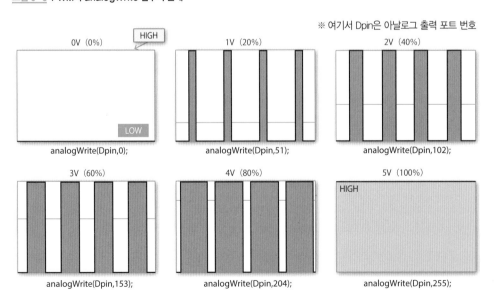

2.2 PWM 제어를 사용하기 위한 LED와 저항 연결 방법

다음은 analogWrite 함수로 LED의 밝기를 바꾸는 스케치를 프로그래밍해 보자.

우선 LED와 저항을 준비하고 브레드보드에 꽂는다. 여기서 저항 값은 LED의 사양을 먼저 확인한 후 다음 식으로 계산하여 준비한다.

LED와 함께 사용할 저항 값(Ω) = (전원 전압(V) − LED 규격 전압(V)) / 정격 전류(A)

예를 들어 3mm LED의 규격 전압 3.3V이고 정격 전류가 20mA라면 다음과 같이 계산할 수 있다.

(5V − 3.3V) / 0.02 = 85Ω

저항 값은 꼭 정확히 맞아야 하는 건 아니다. 여기서는 100Ω을 사용한다.

그림 5-4 **LED와 저항 배선**

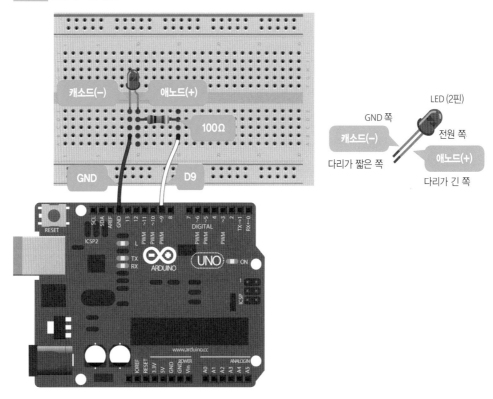

여기서 아날로그 출력 포트로는 PWM이라고 쓰여 있는 D9번 핀을 사용해 본다. 전자 부품에는 극성이라고 하는 플러스와 마이너스가 있는 것과 없는 것이 있다(LED는 플러스를 애노드라 하고, 마이너스를 캐소드라 함). LED는 극성이 있으므로 플러스와 마이너스 배선에 주의해야 한다. LED는 다리가 긴 쪽이 플러스(애노드)이다.

2.3 PWM 제어로 LED를 켜는 스케치

이제 LED가 1초마다 단계적으로 밝아지는 스케치를 작성해 보자. 스케치 5-1에서는 변수 n을 사용해서 LED가 단계적으로 밝아지는 횟수를 설정한다.

스케치 5-1 **PWM을 사용하여 LED를 단계적으로 제어**

```
void setup() {
}
byte n = 5;
void loop() {
  for (int x = 0; x<n; x++) {
    analogWrite(9, x * 255 / n);     // PWM을 사용해서 아날로그 출력
    delay(1000);
  }
}
```

for 문 안에 있는 analogWrite(9, x * 255 / n);가 아날로그 출력을 하는 부분이고, 뒤에 나오는 delay(1000);은 1초 동안 대기하도록 설정하는 부분이다.

이번에는 LED의 밝기를 변하게 하는 스케치에 도전해 보자. 여기서는 for 문이 두 개 있는데, 앞쪽 for 문이 LED를 밝아지게 하고 뒤쪽 for 문이 LED를 어두워지게 한다.

스케치 5-2 **아날로그 출력을 사용한 LED 밝기 제어**

```
void setup() {
}
void loop() {
  for (int x = 0; x<256; x++) {
    analogWrite(9, x);      // PWM을 사용해서 아날로그 출력
    delay(10);
```

```
  }
  for (int x=255; x>=0; x--) {
    analogWrite(9, x);      // PWM을 사용해서 아날로그 출력
    delay(10);
  }
}
```

이렇게 밝기를 조절하는 스케치는 이것 말고도 여러 가지로 작성할 수 있다. 스스로 생각해
보자. 재미있는 발견을 했으면 좋겠다.

2.4 PWM 제어로 압전 스피커 사용하기

스피커는 여러 종류가 있지만, 압전 스피커(버저)*는 그중에서도 간단히 소리를 나게 할 수
있는 전자 부품이다. 압전 스피커의 작동 원리는 간단하다. 플러스와 마이너스에 진동을 가
하면 소리가 난다. 이렇게 단순한 스피커라도 시간을 정해서 알람으로 사용하거나, 경보음
을 내는 등 다양하게 사용할 수 있다.

원래 압전 스피커는 디지털 출력 부품과 같은 방식으로 제어하지만, 여기서는 아날로그 출
력 제어 PWM을 사용해서 소리가 나게 해 보자. 우선 PWM의 특징을 이해하고 압전 스피
커에서 소리가 나게 해 보자.

그림 5-5 **압전 스피커(버저)**

압전 스피커는 막의 신동이 소리를 발생시킨다. HIGH와 LOW가 전환되는 간격이 거의 같을
때 진동이 발생하고 소리가 난다. 그러므로 PWM으로 압전 스피커에서 소리가 나게 하려면

---

* 편집주 엘레파츠에서는 '부저'로 검색해야 제품이 나온다. 표준어는 '버저'이지만 '버저'로 검색하면 '검색된 상품이 없습니다'
라고 뜬다.

HIGH와 LOW 상태가 거의 같은 시간 간격이 되게 해야 한다. 그림 5–3으로 설명하자면, 아날로그 출력 값이 50%(=255/2)에 가까우면 소리가 난다는 말이다. 단, 소리의 높이는 아두이노 PWM 제어 주파수인 490Hz가 된다.

이제 아두이노와 연결하는 방법과 작성할 스케치를 생각해 보자. 우선 압전 스피커를 그림 5–6처럼 연결해 보자. 이 예제에서는 한쪽을 디지털 입출력 포트 D9번 핀(PWM)에 연결하고 다른 쪽을 GND에 연결한다. 압전 스피커는 극성(플러스와 마이너스)이 없으므로 두 선을 어디에 연결할지 주의하지 않아도 된다.

그림 5–6 **압전 스피커로 아날로그 출력을 하기 위한 배선**

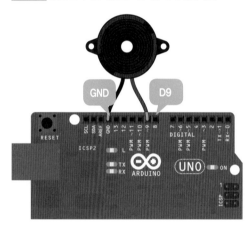

다음으로 스케치를 살펴보자. 이미 설명했듯이 압전 스피커 전원에 HIGH와 LOW 상태인 시간이 거의 같아지도록 PWM 아날로그 출력 값을 50%로 한다. 그러면 소리가 나게 된다. 다음 스케치 5–3만 작성하면 스피커에서 소리가 난다.

스케치 5–3 **PWM으로 압전 스피커 소리 나게 하기**

```
void setup() {}
void loop() {
  analogWrite(9, 255 / 2);    // D9번 핀에 연결한 후 PWM으로 아날로그 출력
}
```

(참고: tone 함수를 사용해서 tone(9, 490);라고 써도 같은 높이의 소리가 난다)

analogWrite의 인수인 255/2, 즉 약 127이 인수로 들어가 주기가 같아지고, 주기가 같아지기 때문에 소리가 난다. 소리가 나는 것을 확인 할 수 있었는가?

마지막으로 소리를 멈추려면 analogWrite(9, 0);라고 쓰면 된다.

아두이노에는 압전 스피커처럼 소리를 내는 전자 부품을 위해 tone 함수나 noTone 함수가
준비되어 있다. 이 함수를 사용하면 소리의 높이나 길이를 간단하게 조절할 수 있다. 이 함
수는 5.4절에서 자세히 설명한다.

3 디지털 출력으로 LED 제어하기

디지털 출력으로 LED를 깜빡이게 해 보자. 2장에서 다뤘던 Blink 예제에서 디지털 출력을
사용했다. 이 절에서는 좀 더 복잡하게 프로그래밍한 예제를 살펴볼 것이다.

3.1 디지털 출력을 사용하기 위한 LED 연결 방법

앞 절에서와는 달리 이번에는 디지털 출력을 사용하기 위해 그림 5-7처럼 LED의 핀을 아
두이노의 D13과 GND에 직접 연결한다. 이 때 LED의 긴 핀(애노드)을 D13에 연결하고,
짧은 핀(캐소드)을 GND에 연결한다.

그림 5-7 **아두이노에 LED를 연결한 그림**

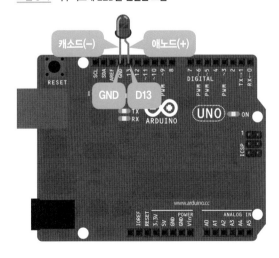

2장에서 사용했던 Blink.ino 스케치를 다시 불러와 사용해 보자. 이 예제는 아두이노 기판에 있는 LED를 깜빡이게 하는데, 마찬가지로 아두이노에 꽂은 LED가 1초 간격으로 깜빡이면 다음으로 넘어가자.

3.2 LED를 빠르게 깜빡이게 하기

다음으로 Blink.ino 스케치를 조금씩 바꿔 보자. 우선 delay 함수의 매개변수 1000을 100으로 한번 바꿔 보고, 다음에는 10으로, 그다음에는 스케치 5-4처럼 5로 바꿔보자.

스케치 5-4 **LED 깜빡이게 하기 ①**

```
void setup() {
  pinMode(13, OUTPUT);            // D13을 디지털 출력으로 설정
}
void loop() {
  digitalWrite(13, HIGH);        // LED를 켬
  delay(5);                      // 0.005초 대기
  digitalWrite(13, LOW);         // LED를 끔
  delay(5);                      // 0.005초 대기
}
```

각각을 아두이노에 업로드해서 LED가 어떻게 변하는지 살펴보자. 10이나 5로 바꾼 스케치를 실행했을 때는 LED가 깜빡이는지 거의 눈치채지 못할 것이다.

> **TIP**
> LED를 건전지에 직접 연결할 때는 저항을 함께 연결해야 한다. LED에 높은 전류가 흐르면 LED가 쉽게 고장 난다. 이를 막기 위해 저항이 필요하다. 단, 아두이노에 흐르는 전류는 전압이 5V라도 전류는 최대 100mA이므로 망가질 일은 없다.

3.3 LED의 밝기

앞에서는 두 delay 함수의 매개변수를 같은 밀리초 단위로 설정하여 LED의 On(=HIGH)과 Off(=LOW) 상태를 바꿔 봤다. 이번에는 두 delay 함수의 매개변수를 서로 다른 값으로 바꿔

서 작동해 보자. 사람 눈에는 각 LED가 밝거나 어둡게 보인다. 예를 들어 스케치 5-5처럼 바꿔서 실행해 보자.

스케치 5-5 LED 깜빡이게 하기 ②

```
void setup() {
  pinMode(13, OUTPUT);           // D13을 디지털 출력으로 설정
}
void loop() {
  digitalWrite(13, HIGH);        // LED를 켬
  delay(8);                      // 8밀리초 대기     8ms로 설정
  digitalWrite(13, LOW);         // LED를 끔
  delay(2);                      // 2밀리초 대기     2ms로 설정
}
```

이 예제에서 숫자를 1, 9나 3, 7 혹은 8, 2로 바꿔서 어떻게 변하는지 확인해 보자. 밝기 차이를 알아챌 수 있었는가? 이처럼 매우 짧은 시간에 LED의 켜고 꺼지는 상태를 변화시켜서 밝기를 조절할 수 있다.

이제 한 단계 더 나아가 LED를 점점 밝게 하는 스케치를 작성해 보자.

3.4 LED의 밝기 변화시키기

지금부터 살펴볼 스케치는 프로그래밍을 좀 더 이해하기 위한 것이다. 제어문 중 for 문을 사용한 반복으로 LED의 밝기를 변화시켜 보자.

스케치 5-6 디지털 제어로 LED 밝기 조절

```
void setup() {
  pinMode(13, OUTPUT);           // D13을 디지털 출력으로 설정
}
void loop() {
for (int x=0; x<10; x++) {        밝기를 설정하는 변수
  for (int i=0; i<10; i++) {       반복 변수
    digitalWrite(13, HIGH);      // LED를 켬
```

```
        delay(x);                   // 서서히 길게
        digitalWrite(13, LOW);      // LED를 끔
        delay(9-x);                 // 서서히 짧게
      }
    }
}
```

이 스케치는 for 문 두 개와 변수 x, i를 사용해서 밝기를 조절한다.

처음에 나오는 변수 x는 LED가 켜지는 시간(밀리초) 이다. for 문에서 x는 0~9 범위의 값이고, delay 함수에 들어가는 변수로 사용하고 있다. 켜진 상태로 x밀리초 동안 대기하고, 꺼진 상태로 9-x밀리초 동안 대기한다.

다음 변수 i는 LED가 켜져 있는 상태(x밀리초)와 꺼져있는 상태(9-x밀리초)를 10번 반복한다. 다시 말해 켜져 있는 시간과 꺼져 있는 시간을 더한 시간인 10밀리초를 10번 반복해서 100밀리초 동안 같은 밝기를 유지한다.

어떤가? LED가 점점 밝게 변했다가 꺼지는 것이 반복되는 것을 확인할 수 있었는가?

그림 5-8 스케치 5-6의 LED 밝기

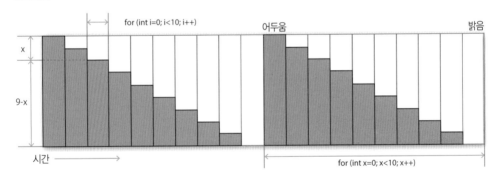

이 스케치를 이리저리 응용해 보자. 예를 들어 점점 밝아졌다가 점점 어두워지게 한다거나 3초 간격으로 이를 반복하게 하는 등 자기 자신에게 숙제로 내서 도전해 보면 어떨까?

이번 절에서는 디지털 제어로 압전 스피커에서 소리가 나게 해보자. 아날로그 제어(PWM 제어)로 압전 스피커에서 소리가 나게 하는 원리는 이해했을 것이다.

여기서는 digitalWrite 함수를 사용해 높은음과 낮은음을 어떻게 내는지 소개하고, 더 나아가 아두이노 표준 함수 tone을 사용한 예제도 소개한다.

4.1 디지털 제어로 스피커에서 소리 나게 하기

digitalWrite 함수를 사용한 디지털 제어로 스피커에서 소리가 나게 해 보자. 우선 압전 스피커의 케이블 두 개를 D12번 핀과 GND에 연결한다. 압전 스피커는 극성이 없으므로 플러스와 마이너스를 신경 쓰지 않아도 된다.

그림 5-9 **압전 스피커를 아두이노에 연결**

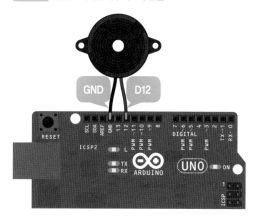

압전 스피커를 아두이노에 연결한 후 digitalWrite 함수를 사용한 스케치를 작성하여 스피커에서 소리가 나게 해 보자. 스케치에는 HIGH와 LOW 한 사이클의 시간(주기)을 똑같게 해서 소리가 나게 한다(그림 5-10).

여기서는 delay(2)를 사용해서 HIGH와 LOW를 반복한다. 다시 말해 2ms(밀리초)와 2ms가 반복되어 한 주기는 4ms가 되고 1초로 계산하면 250Hz(=1000/4)가 되며, 이에 해당하는 소리가 난다.

```
#define DX 12              // D12를 스피커로 설정
void setup()
{ pinMode(DX, OUTPUT); }   // 디지털 출력 정의
void loop()
{
  spkAlarm();              // 알람 함수를 호출
  delay(500);
}
void spkAlarm() {          // 알람 함수
  for (int i=0; i<10; i++) {
    digitalWrite(DX, HIGH);
    delay(2);
    digitalWrite(DX, LOW);
    delay(2);
  }
}
```

어떤가? 소리가 나는가? delay 함수의 두 매개변수를 바꿔서 소리의 차이를 구별해 보자.

여기서는 사용자 정의 함수 spkAlarm도 사용하고 있다. 이 함수는 매개변수와 반환 값이 없다. 사용자 정의 함수를 이리저리 바꿔 보며 발전시켜 보자.

4.2 디지털 제어로 스피커 음계 바꾸기

주기 진동으로 스피커 소리의 높낮이를 제어한다는 것을 이해했는가? 표 5-5에 일반적인 도레미 음계의 주파수를 정리했다.

표 5-5 **음계 소리의 높이(주파수: Hz)**

음계	3	4	5	6	7	8	9
B	247	494	988	1976	3951	7902	
A#	233	466	932	1865	3729	7459	
A	220	440	880	1760	3520	7040	14080
G#		415	831	1661	3322	6645	13290

음계	3	4	5	6	7	8	9
G		392	784	1568	3136	6272	12544
F#		370	740	1480	2960	5920	11840
F		349	698	1397	2794	5588	11176
E		330	659	1319	2637	5274	10548
D#		311	622	1245	2489	4978	9956
D		294	587	1175	2349	4699	9397
C#		277	554	1109	2217	4435	8870
C		262	523	1047	2093	4186	8372

＊ 이 음계는 도: C, 레: D, 미: E, 파: F, 솔: G, 라: A, 시: B이다.

이 음계를 소리로 내는 함수를 작성해 보자. 1초 동안 주기가 m인 소리를 나게 하려면 스피커의 막(진동판)이 1초 동안 On(위로 올라갔다 내려가는 신호)과 Off(아래로 내려갔다 올라가는 신호) 상태를 m회 반복하면 된다.

원래 스피커 소리는 사인파로 나게 하지만, 이 스케치에서는 사각파로 소리를 나게 한다. 사각파는 그림 5-10을 참고하기 바란다.

스케치 5-8 음계를 내는 mtone 함수와 도레미

```
#define DX 12
int abc[] = {262, 294, 330, 249, 392, 440, 494, 523};    // 도레미 설정
// 톤 설정(dx: 핀 번호, hz: 주파수, tm: 밀리초 시간 단위)
void mtone(int dx, int hz, unsigned long tm) {
  unsigned long t = millis();
  unsigned long ns = (long)500000 / hz;     // 10000 * 50
  while (millis() - t<tm) {
    digitalWrite(dx, HIGH);
    delayMicroseconds(ns);
    digitalWrite(dx, LOW);
    delayMicroseconds(ns);
  }
}

void setup() {
```

```
    pinMode(DX, OUTPUT);      // 스피커 디지털 출력 선언
  }
void loop() {
  for (int i=0; i<8; i++) {
    mtone(DX, abc[i], 500);
    delay(50);
  }
}
```

아두이노에는 여기서 작성한 mtone 함수와 똑같은 tone 함수가 준비되어 있다. tone 함수
는 다음 절에서 소개한다.

> **TIP**
> 스케치 5-6에서 사용하는 unsigned long t = millis();의 unsigned long(부호가 없는 4바이트 정수)은 uint32_t
> 로 바꿔 쓸 수 있다(3.2.4절 참조).

4.3 tone 함수를 사용하여 스피커 음계 바꾸기

아두이노에는 주파수에 맞는 소리를 내는 tone 함수와 소리를 멈추는 noTone 함수가 미리
준비되어 있다. 이 두 함수를 사용한 디지털 제어로 여러 음계의 소리를 내게 할 수 있다. 표
5-6에 이 두 함수에 관한 설명을 정리했다.

표 5-6 tone과 noTone 함수

함수 이름	설명
tone(핀 번호, 주파수); 또는 tone(핀 번호, 주파수, 출력 시간);	**사각파를 만들어 소리를 내게 한다.** · **핀 번호**: 디지털 핀 번호 · **주파수**: 표 5-5에 나와 있는 값으로 도레미 음계를 나타냄(Hz) · **출력 시간**: 소리를 내는 시간(밀리초)
noTone(핀 번호);	**tone 함수로 시작된 사각파 신호 발생을 멈춘다.** · **핀 번호**: 디지털 핀 번호

tone 함수는 같은 주기 1/2 간격으로 HIGH와 LOW 사이를 바꿔가며 스피커에 보내고, 주파수
를 길게 하거나 짧게 하여 음계를 변화시킨다. 반대로 noTone 함수는 tone 함수가 만들어내
는 소리를 정지시킨다.

그림 5-10은 tone 함수로 소리를 낼 때 핀에 흐르는 전압의 파형(사각파)을 설명한 것이다. HIGH와 LOW가 같은 주기(fq)로 반복된다.

그림 5-10 tone 함수로 만들어진 사각파 참고도

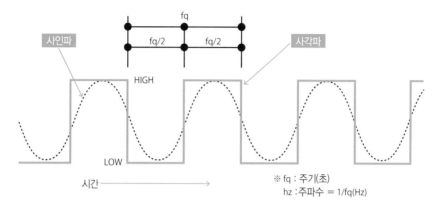

이번에는 tone 함수를 사용해서 압전 스피커에서 멜로디가 나오게 해 보자. 예제의 멜로디는 동요 튤립이다. 스케치 5-9는 이 멜로디를 2차원 배열 데이터로 입력해서 setup 함수에서 연주되게 한다.

스케치 5-9 동요 튤립 멜로디 연주

```
#define TC 0   // 도
#define TD 1   // 레
#define TE 2   // 미
#define TF 3   // 파
#define TG 4   // 솔
#define TA 5   // 라
#define TB 6   // 시
#define TX 7
int fq[] = {262, 294, 330, 349, 392, 440, 494, 0};  // 음계 주파수(Hz) 도레미…
// 멜로디 배열 데이터 mo: 도레미송
int mo[45][2] = {{TC,500},{TD,500},{TE,1000},{TX,1000}, {TC,500},{TD,500},{TE,1000},{TX,1000},
                 {TG,500},{TE,500},{TD,500},{TC,500},{TD,500},{TE,500},{TD,1000},{TX,1000},
                 {TC,500},{TD,500},{TE,1000},{TX,1000},{TC,500},{TD,500},{TE,1000},{TX,1000},
                 {TG,500},{TE,500},{TD,500},{TC,500},{TD,500},{TE,500},{TC,1000},{TX,1000},
                 {TG,500},{TG,500},{TE,500},{TG,500},{TA,500},{TA,500},{TG,1000},{TX,1000},
                 {TE,500},{TE,500},{TD,500},{TD,500},{TC,1000}};
void setup() {
```

```
  for (int i=0; i<45; i++){
    tone(12, fq[mo[i][0]], mo[i][1]);        // 멜로디 배열 데이터 mo를 연주
    delay(500);
  }
}

void loop() { }
```

어떤가? 생각했던 멜로디를 들을 수 있었는가? 이 스케치에서는 음계와 음의 길이를 간단히 배열 데이터로 설정했다. 간단한 멜로디라면 이 음계만으로도 만들어 볼 수 있을 것이다.

5 아날로그 출력으로 모터 작동하기

아두이노로는 모터처럼 동력을 전달하는 액추에이터도 제어할 수 있다. 단, 액추에이터는 큰 전류를 사용하므로 과전류에 주의해야 한다. 큰 전류를 사용하는 액추에이터를 사용할 때는 외부 전원과 컨트롤러(모터 드라이버)를 사용해 제어한다.

여기서는 아두이노 전원만으로도 제어할 수 있는, 작은 전류로 움직이는 팬을 작동해 보자. 팬은 냉각 기능이 있어서 열이 나는 물체 근처에서 바람을 만들어 열을 식히는 목적으로 사용한다.

5.1 소형 DC 팬을 작동해 보자

이번 절에서 아두이노 전원만으로도 작동할 수 있는, 소비 전력이 작은 소형 DC 팬(Nidec D02X-05TS1)*을 사용한다. 이 소형 DC 팬을 아날로그 출력으로 제어해 보자. 소형 DC

---

* 편집주 국내에서는 이 제품을 구입할 수 없다. 국내에서 구입하여 사용할 수 있는 제품은 부록 A에서 소개하고 있으니 참고하기 바란다. 부품에 따라서는 납땜이 필요할 수 있는데, 납땜은 유튜브 등에서 '납땜'으로 검색하여 동영상을 보고 충분히 익힐 수 있으니 한번 도전해 보기 바란다. 또한, 납땜에 필요한 준비물도 부록 A에서 소개한다.

팬은 전원 전압이 5V이고, 정말 작은 전류인 50mA로 움직이게 할 수 있다.

여기서 소개할 팬이 사용하는 모터는 극성이 있으므로 플러스와 마이너스를 연결할 때 틀리지 않도록 주의하자.

우선 소형 DC 팬을 그림 5-11처럼 디지털 입출력 포트(PWM 기능을 가진 D9)와 GND에 연결해 보자.

그림 5-11 **소형 DC 팬 연결**

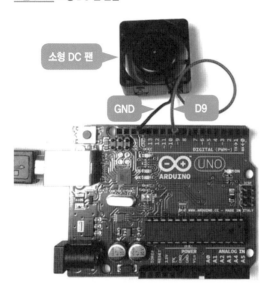

다음으로 스케치 5-8로 팬을 움직이게 해 보자.

스케치 5-10 **소형 DC 팬 움직이게 하기**

```
void setup() { }
void loop() {
  for (int i=0; i<256; i+=5) {
    analogWrite(9, 255 - i);     // PWM을 사용하는 아날로그 출력
    delay(100);
  }
  delay(1000);
}
```

이 스케치에서는 소형 DC 팬의 전압을 5V에서 0V까지 조금씩 내리며 각각의 전압에서 0.1초씩 약 5초 동안 계속 회전시킨다. 그러면 팬의 회전 속도는 점점 느려진다. 약 5초 후에는 전압이 0V가 되지만, 그 후에도 관성 때문에 잠깐은 계속 회전한다. 그다음 다시 움직이게 하고 느려지다 정지하는 것을 반복한다.

5.2 가변저항으로 팬을 제어해 보자

이번에는 4장에서 사용했던 가변저항을 사용하여 팬이 움직이는 속도를 바꿔 보자. 가변저항으로 저항을 크거나 작게 변하게 하여 소형 DC 팬의 회전 속도를 바꾸는 스케치를 작성해 볼 것이다.

그러면 먼저 가변저항을 4장에서 설명했던 것처럼 연결하고, 소형 DC 팬도 그림 5-11처럼 연결해 보자.

그림 5-12 가변저항과 소형 DC 팬을 연결한 그림

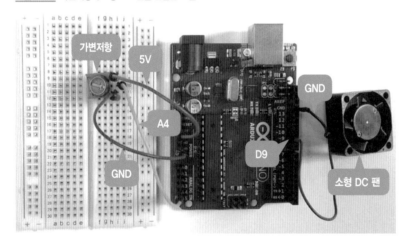

다음으로 가변저항 값을 읽어서 그 값을 소형 DC 팬의 출력 전원 값으로 변환하는 스케치를 생각해 보자. 지금까지 배웠던 것들로 간단하게 스케치를 작성할 수 있을 것이다.

스케치 5-11 가변저항과 소형 DC 팬 연동하기

```
void setup() { }
void loop() {
  int v = analogRead(A4);              // 가변저항 값을 읽음
```

```
    analogWrite(9, v / 1023.0 * 255);    // PWM을 사용하는 아날로그 출력
    delay(100);
}
```

이 스케치에서 사용하는 analogWrite 함수의 매개변수 v / 1023.0 * 255는 analogRead(A4)에서 출력되는 값 0~1023을 0~255로 바꾼다. 물론 이 매개변수를 map(v, 0, 1023, 0, 255)로 바꿔서 analogWrite(9, map(v, 0, 1023, 0, 255));로 작성해도 같은 결과를 얻을 수 있다.

참고 시스템 변숫값은 무엇인가

아두이노 스케치에서는 여러 시스템 변수를 사용한다. 시스템 변수의 변숫값이 어떻게 되어 있는지 궁금하지 않은가? 지금부터 살펴보자. 특히 자주 사용하는 HIGH와 LOW의 차이를 확실히 기억하고 가자.

실은 시스템 변수 HIGH 대신 1을 사용하고, LOW 대신 0을 사용해도 의미가 같다.

또한, 아두이노 우노에서는 아날로그 입력 포트 A0~A5가 디지털 출력 포트 14~19로 사용되므로 이 값도 확인해 보자.

다음 스케치에 있는 주석에 작성한 값은 아두이노 우노에서 출력되는 값이다.

```
void setup() {
  Serial.begin(9600);
  Serial.println(HIGH);      // = 1
  Serial.println(LOW);       // = 0
  Serial.println(A0);        // = 14
  Serial.println(A1);        // = 15
  Serial.println(A2);        // = 16
  Serial.println(A3);        // = 17
  Serial.println(A4);        // = 18
  Serial.println(A5);        // = 19
  Serial.println(true);      // = 1
  Serial.println(false);     // = 0
}
void loop() {}
```

시스템 변수를 사용하는 대신 숫자를 직접 입력해도 같은 결과를 얻을 수 있다. 또한, 아날로그 입력 시스템 변수 A0~A5는 설정되어 있지만, 디지털 출력 시스템 변수 D0~D13은 설정되어 있지 않으므로 디지털 출력일 때는 0~13을 직접 사용해야 한다.

3부

'한 단계 더' 편

기초 편에서 기본적인 아날로그 입출력과 디지털 입출력을 배웠다. 이제부터 설명할 '한 단계 더' 편에서는 아두이노를 좀 더 활용할 수 있도록 고급 입력 부품을 사용해 보거나 여러 가지 팁을 소개한다.

6장에서는 지금까지 배웠던 아날로그 입출력과 디지털 입출력, 시리얼 통신 이해를 바탕으로 좀 더 고급 전자 부품까지 능숙하게 다루는 방법을 소개한다. 자주 사용하는 온도 센서나 광센서, 가속도 센서, 거리 센서, 출력용 LCD(액정 디스플레이)의 사용 방법을 소개한다. 6장을 공부하고 나면 기본 입출력 부품을 이것저것 합쳐서 무언가에 도전해 볼 수 있으리라.

7장에서는 알아두면 편리한 기능을 소개한다. 7장에서는 타이머 기능과 탭 기능, 비휘발성 메모리(EEPROM), 인터럽트 기능, 시리얼 통신 기능을 소개한다. 또한, 인터넷을 사용하여 정보를 수집하는 방법도 소개한다.

8장에서는 아두이노가 없어도 이 책에 나온 예제를 실습해 볼 수 있는 방법을 소개한다. Autodesk 123D Circuits을 사용하여 실습해 볼 것이다.

6장

고급 입출력 부품을
사용해 보자

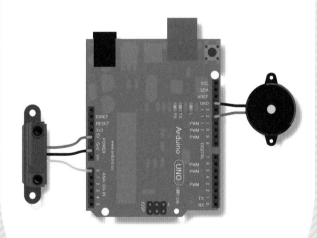

거리 센서와 압전 스피커를 사용하는 응용 예제

6장에서는 편리하게 사용할 수 있는 입력 센서와 LCD(액정 디스플레이) 등의 출력 부품을 소개한다. 아두이노에 전자 부품을 어떻게 연결하는지, 스케치는 어떻게 작성하는지, 바로 작동하게 하려면 어떻게 해야 하는지 알아본다.

이미 4장과 5장에서 소개했듯이 전자 부품을 아두이노에 연결해서 작동하게 하려면 우선 부품을 아날로그와 디지털 중 어느 것으로 다룰지 알아야 한다. 다음으로 스케치를 작성할 때는 변환식을 어떻게 사용할지가 중요하다. 위에서 언급한 중요한 점 두 개를 확실히 알아두면 여기서 소개하는 전자 부품을 간단하고 능숙하게 다룰 수 있게 된다.

그러면 먼저 기본 구조를 이해한 후 사용 방법을 배워 보자.

① 온도 센서(아날로그)를 사용해 보자

제일 먼저 다루기 쉬운 아날로그 전자 부품인 온도 센서를 다뤄 보자. 온도 센서는 간단하게 온도를 측정할 수 있는 센서이고, 값이 싼 제품이면 하나에 몇백 원 정도이다. 단, 값이 싼 제품은 측정값의 정확도가 떨어진다. 정확한 값이 필요하다면 사용할 상황이나 주변 환경에 맞는 고가의 디지털 센서를 사용해야 한다. 또한, 아두이노에서 나오는 열이 전달되지 않도록 아두이노와 온도 센서를 케이블로 멀리 떨어뜨려 놓아야 한다.

여기서는 간단하게 아두이노로 온도를 측정할 수 있고 값이 저렴한 아날로그 온도 센서 LM61BIZ의 사용 방법을 소개한다.

1.1 연결해 보자

온도 센서 LM61BIZ는 바깥 온도 변화에 따라 저항 값이 바뀌는 아날로그 센서로, 이러한 특성을 통해 섭씨온도(단위: ℃)나 화씨온도(단위: ℉)로 변환 계산을 한다. LM61BIZ는 핀이 3개 있는데 양쪽 끝 핀이 전원 전압(+Vs)과 접지(GND, 그라운드)이고, 가운데 핀이 출력 전압(Vout)이다.

그림 6-1 온도 센서(LM61BIZ)와 연결 핀(아래에서 바라본 그림)

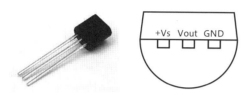

이제 그림 6-2처럼 온도 센서를 아두이노에 연결해 보자.

여기서 온도 값이 출력되는 Vout 핀은 아날로그 입력 포트 A0 핀에 연결한다(물론 다른 아날로그 입력 포트라도 상관없다).

그림 6-2 온도 센서(LM61BIZ) 연결 ①

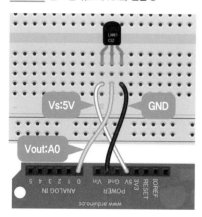

1.2 스케치를 작성해 보자

다음으로 스케치를 작성하기 전에 먼저 온도 센서(LM61BIZ)의 출력 사양을 확인해 보자. 사양을 보면 온도 센서의 출력 전압(Vout)과 섭씨온도(T) 사이의 관계식은 다음과 같고, 이 식은 변환식이다.

```
V = (Vout * Vs / 1024 - 600) / 10
```

이 식에서 Vs는 전원 전압(mV)이다. 우리가 사용하는 아두이노 우노의 전원은 5V(=5000mV)이므로 다음과 같이 바꿔 쓸 수 있다.

```
V = (Vout * 5000 / 1024 - 600) / 10
```

이 관계식을 사용해서 온도 값을 섭씨온도와 화씨온도로 출력해 보자. 먼저 방금 살펴본 변환식을 사용해서 LM61BIZ에서 출력되는 값을 섭씨온도로 바꿔 본다. 그러고 나서 다음 식을 사용해서 섭씨온도(T)에서 화씨온도(F)로 변환하는 스케치를 작성해 보자.

```
F = T * 9 / 5 + 32
```

스케치 6-1은 온도 센서를 사용하는 예제이다.

<u>스케치 6-1</u> **온도 센서(LM61BIZ)를 사용하는 예제**

```
void setup() {
  Serial.begin(9600);
}
void loop() {
  int val = analogRead(A0);
  float cel = (float)val * 500.0 / 1024.0 - 60.0;    // 온도(섭씨 단위 ℃) 계산
  Serial.print("Celsius = ");
  Serial.print(cel);
  Serial.print(" / Fahrenheit = ");
  Serial.println((cel * 9)/ 5 + 32);                 // 온도(화씨 단위 ℉) 계산
  delay(1000);
}
```

출력 온도는 시리얼 모니터에 표시한다. 이 스케치에서 특히 주목할 점은 출력된 센서 값 val을 섭씨온도로 바꾸는 식과 더 나아가 섭씨온도를 화씨온도로 바꾸는 식을 사용하고 있다는 점이다.

어려운 건 없지만, 센서 값을 읽는 analogRead가 정수를 반환하므로 변환식에서는 이 값을 실수로 바꿔주기 위해 형 변환 캐스트 (float)를 붙인 것에 주의하기 바란다.

1.3 작동해 보자

이제 온도 센서와 아두이노를 연결하고, 컴퓨터에서 스케치 6-1을 컴파일한 후 아두이노에 업로드하여 실행해 보자. 물론 온도 값은 시리얼 모니터에서 확인할 수 있다(그림 6-3).

그림 6-3 온도 값을 시리얼 모니터에 출력

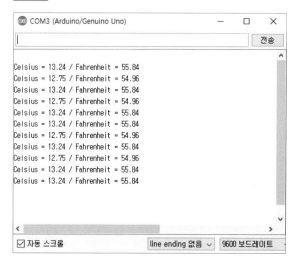

1.4 디지털 입력 포트를 전원과 GND로 사용하는 방법

지금까지는 전원 전압 5V 핀과 GND 핀을 아두이노 표준 핀으로 사용했다. 이번에는 디지털 핀 두 개를 HIGH(5V)와 LOW(0V)로 설정해서 전원 전압 5V 핀과 GND 핀으로 바꾸는 특수한 예제를 소개한다. 또한, 아날로그 핀 A0~A5는 디지털 핀 D14~D19와 같다는 점도 활용한다.

온도 센서의 세 핀을 그대로 아날로그 입력 포트 A0, A1, A2 핀에 연결해 보자. 자세한 연결 방법은 그림 6-4를 참고하기 바란다.

그림 6-4 **온도 센서(LM61BIZ) 연결 ②**

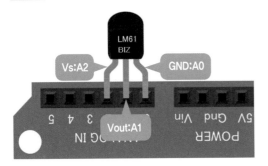

이때 사용할 스케치는 다음과 같다.

스케치 6-2 **연결한 아날로그 입력 포트에서 온도 센서를 사용하는 예제**

```
void setup()
{
  pinMode(A0, OUTPUT);   // A0(LM61BIZ - GND)        A0 핀을 GND 핀으로
  digitalWrite(A0, LOW);
  pinMode(A2, OUTPUT);   // A2(LM61BIZ - VSS+);       A2 핀을 5V 핀으로
  digitalWrite(A2, HIGH);
  Serial.begin(9600);
}
int getTemp(void)      // 온도 센서 값을 읽어서 변환
{
  int mV = analogRead(A1) * 4.88;
  return (mV - 600);
}
void loop()
{
  int temp = getTemp();
  char body[20];
  sprintf(body, "temp = %d.%d C", temp/10, temp%10); // 문자열 연결 함수
  Serial.println(body);
  delay(1000);          // 대기 시간
}
```

setup 함수에서는 A0 핀을 디지털 핀으로 선언한 후 GND를 의미하는 LOW로 설정한다. 다음으로 A2 핀을 똑같이 디지털 핀으로 선언한 후 전압 5V를 의미하는 HIGH로 설정한다. 온도 센서의 가운데 핀은 아날로그 입력 포트 A1 핀으로, getTemp 함수 안에서 값을 읽는다.

그런데 getTemp 함수에서는 스케치 6-1에서 계산했던 온도 값보다 100배 큰 값을 반환한다. 그 이유는 뒤이어 소개할 sprintf 함수를 사용하여 문자열을 처리하기 위해서다. 여기서는 출력하여 표시하는 문자열(배열) body에 sprintf 함수를 사용해서 온도 값을 할당하고, Serial.println(body);로 시리얼 모니터에 결과를 표시한다.

결과는 그림 6-5와 같다.

그림 6-5 온도 값을 시리얼 모니터에 출력

지금까지 디지털 출력 HIGH와 LOW를 전원 전압(5V)과 GND로 사용하는 방법을 알아보았다. 그런데 이 방법은 모든 센서에 사용할 수 있는 건 아니므로 주의하기 바란다. 특히 디지털 센서 중에는 아두이노 전압이 변할 때 상태가 불안정해져서 값을 읽을 수 없게 될 때가 있다.

1.5 중요한 점을 알아보자

온도 센서 LM61BIZ는 아날로그 센서이므로 analogRead 함수로 값을 읽는다. 하지만 읽은 값은 온도가 아니므로 변환식이 필요하다. 아날로그 센서는 이렇게 변환식이 필요한 경우가 많고 간단한 식으로 표현되지 않는 것도 있다. 사용하는 온도 센서의 특성이나 변환식을 확인하며 사용하자.

우리는 아날로그 입력 포트를 전원 전압 핀과 GND 핀으로 사용하는 것과 sprintf 함수를 사용해서 정수를 문자열에 집어넣는 방법을 배웠다. 이 두 가지 사용 방법은 여러 곳에서 사용할 수 있으니 꼭 기억하기 바란다.

그럼 이제 sprintf 함수를 알아보자.

sprintf 함수의 정의

```
int sprintf(pr, fm, x0, x1, …, xn)
pr: 출력할 문자열
fm: 출력할 문자열 형식
x0, x1, …, xn: 문자열 형식에 있는 변수
```

스케치 6-2에서 fm은 "temp = %d.%d C"였다. 여기서 %d가 두 번 나오는데, 이 둘에는 각각 변수 temp / 10(temp를 10으로 나눈 몫)과 temp % 10(temp을 10으로 나눈 나머지)이 들어간다.

예를 들어 temp 값이 123이면 temp / 10은 12가 되고, temp % 10은 3이 된다. 그래서 출력되는 문자열 body에는 temp = 12.3 C가 들어간다.

%d(정수) 외에도 %c(문자 하나), %s(문자열), %x(16진수 정수) 등이 있다(주의: 아두이노에서는 실수 표기 %f를 사용할 수 없으므로 위 예제처럼 사용한다).

다음은 sprintf 함수를 사용한 문자열 처리 예제다.

```
char pr[30];
void setup()         // sprintf 함수 예제 출력 테스트
{    Serial.begin(9600);
     sprintf(pr, "%c, %s, '%5x', %2d.%2d", 'A', "BCDE", 2013, 15, 21);
     Serial.print(pr);
}
void loop() {}
```

스케치 6-3의 결과는 다음과 같다.

```
A, BCDE, '  7dd', 15.21
```

스케치 6-3을 이리저리 바꿔 보며 표시되는 결과를 확인해 보자.

2 광센서(아날로그)를 사용해 보자

아두이노와 함께 간단히 사용할 수 있는 광센서로는 아날로그 센서인 CdS 셀과 포토트랜지스터, 포토 IC 다이오드 등이 있다. 이 센서는 아날로그 센서이므로 앞 절에서와 마찬가지로 아두이노에 간단히 연결해서 사용할 수 있다.

단, 높은 정밀도로 조도를 측정하는 센서나 태양광처럼 몇만 Lx(룩스, 조도 단위)까지 가는 밝은 빛을 측정하는 조도 센서는 비싸기도 하고 디지털 센서라서 다루기가 어렵다.

이번 절에서는 조도 센서가 아닌 밝은지 어두운지만을 감지하는 센서를 소개한다.

2.1 연결해 보자

우선 광센서(CdS 셀)를 아두이노에 연결해 보자. 여기서 추가로 사용하는 전자 부품은 1kΩ 저항이다. 광센서와 저항은 둘 다 극성이 없으니 플러스와 마이너스를 신경 쓰지 않고 연결하면 된다.

그럼 그림 6-6처럼 광센서와 저항(1kΩ)을 브레드보드에 꽂고 점퍼 와이어 세 개를 사용해서 아두이노와 연결해 보자.

그림 6-6 광센서(CdS 센서) 연결하기

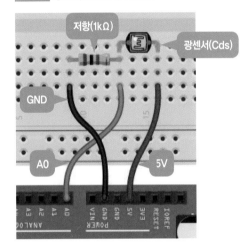

점퍼 와이어로는 아두이노의 전원 전압 5V, GND, 아날로그 포트 A0 핀에 연결한다.

2.2 스케치를 작성해 보자

광센서에서 읽은 값을 표시해 보자. 단순히 밝은지 어두운지만을 수치 변화로 읽을 수 있다.

그림 스케치 6-4를 작성해 보자.

스케치 6-4 광센서를 사용하는 예제

```
void setup()
{   Serial.begin(9600);   }
void loop()
```

176   모두의 아두이노

```
{   char pr[12];
    sprintf(pr, "Light = %d", analogRead(A0));   ◀ 아날로그 값을 읽는다
    Serial.println(pr);
    delay(100);     // 대기 시간 0.1초
}
```

loop 함수 안의 두 번째 줄을 보면 아날로그 A0 핀에서 읽은 값을 sprintf 함수를 사용하여 문자열 변수 pr에 집어넣는다. 광센서에서 읽은 값을 문자열 pr에 할당하고 시리얼 모니터에 출력하는 것이다. 또한, 광센서의 반응 속도가 매우 빠르므로 이 스케치에서는 delay를 사용하여 대기 시간을 0.1초로 설정했다.

2.3 작동해 보자

작성한 스케치를 실행해 보자. 광센서 CdS 셀을 손으로 가려 보며 값이 변하는지 관찰해 보자. 어떤가? 센서 값이 변하는 것을 확인할 수 있는가? 밝으면 값이 커지고 어두우면 값이 작아지는 것을 확인할 수 있는가?

시리얼 모니터에는 어떻게 표시되는지 확인해 보자(그림 6-7).

그림 6-7 **광센서 예제 스케치의 시리얼 모니터 출력 결과**

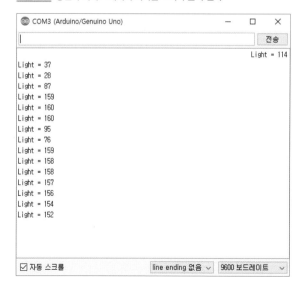

2.4 바꿔 보자

다음으로 주변 밝기에 따라 LED를 켜거나 끄는 스케치를 작성해 보자. 아두이노 기판 위에 있는 LED L을 켜거나 꺼 본다.

광센서 주변이 어두워지면 LED를 켜고 밝아지면 끄는 스케치를 생각해 보자. 여기서는 광센서 값이 어떤 값(임곗값) 이상이 되면 LED를 켠다. 이 어떤 값은 스케치 6-4에서 나온 값을 보고 정한다. 여기서는 50을 사용한다.

지금까지 설명한 작업을 수행하는 스케치는 다음과 같이 간단하게 작성할 수 있다.

스케치 6-5 광센서를 사용해서 LED를 켜거나 끄는 예제

```
#define LedPin 13
void setup()
{  pinMode(LedPin, OUTPUT);  }
void loop()
{  if (analogRead(A0) < 50) digitalWrite(LedPin, HIGH);    // 어두우면 LED를 켠다.
   else digitalWrite(LedPin, LOW);                         // 밝으면 LED를 끈다.
}
```

제일 첫 번째 줄에 전처리기 #define으로 LedPin을 선언했다. 그 이후 나오는 구문에서 LedPin이 세 번 나온다. 이처럼 여러 줄에 작성되어 있는 핀 번호를 바꿔야 할 일이 생길 것 같으면 전처리기를 사용하거나 전역 변수를 사용해서 byte LedPin = 13;이라고 써주면 쉽게 바꿀 수 있다.

loop 함수 안의 if-else 제어문 두 줄은 다음과 같이 한 줄로 나타낼 수도 있다.

```
digitalWrite(LedPin, analogRead(A0) < 50 ? HIGH : LOW);
```

analogRead(A0) < 50 ? HIGH : LOW는 조건 연산자 A ? B : C를 사용해서 처리한다. A가 조건이고 참일 때는 B를 실행하고 거짓일 때는 C를 실행한다.

2.5 중요한 점을 알아보자

이 절에서 사용한 광센서의 특징은 주변 환경이 밝아지면 저항 값이 작아지고 어두워지면 저항 값이 커진다는 것이다. 또한, 출력되는 값의 단위가 조도 단위인 룩스가 아니라는 것이다.

광센서에서 출력되는 값으로 실내 밝기의 변화 정도는 충분히 측정할 수 있다. 밝기 변화를 이용해 아침인지 밤인지 판단하는 것도 할 수 있고, 조명을 자동으로 켜고 끄는 데도 사용할 수 있다. 또한, 재미 삼아 라인 트레이스*를 할 수도 있다. 이는 종이 면 위에 검은 선을 그리고 이 선 바로 위에 광센서가 오도록 설치해서 종이 면의 밝기(선 위인지 아닌지)를 측정하는 것으로 처리할 수 있다. 이때도 실제로 그때그때 판정 값(임곗값)을 읽어서 프로그래밍해야 한다.

> **TIP**
> 나는 연구실에 광센서와 온도 센서를 1년 이상 설치해서 계속 관측하고 있다. 연구실에서 일하고 있는 시간과 에어컨을 사용하는 시간 등을 이 관측값으로 알 수 있다. 관측 시간은 기본적으로 15분 간격이지만, 갑자기 어두워지거나 밝아질 때는 그 시점에 광센서 값을 읽게 하고 있다.

---

③ 가속도 센서(아날로그)를 사용해 보자

가속도 센서는 물체의 가속도 값을 출력한다. 물체가 움직이기 시작할 때나 정지할 때 또는 지구의 중력 방향 등을 가속도 센서로 측정할 수 있다. 가속도 센서는 이미 자동차의 안전장치나 로봇 제어 장치, 게임 컨트롤러, 스마트폰이나 태블릿 PC에도 사용되고 있다.

공간은 3차원이므로 대부분 3축 방향(X, Y, Z) 가속도 센서를 사용한다. 또한, 최근에는 기술이 발달하여 만 원도 안 되는 싼 가격에 3축 가속도 센서를 살 수 있게 됐다. 아두이노와

---

* **역주** 종이 같은 면 위에 면과 대비되는 색으로 선을 그린 다음, 선과 면의 빛 반사도 차이를 이용해 선을 따라가는 장치

함께 간단히 사용할 수 있는 3축 가속도 센서도 아날로그나 디지털로 값을 출력한다. 여기서 사용할 3축 가속도 센서는 아날로그 출력 함수 analogRead를 사용해서 세 방향의 가속도를 읽을 수 있다. 단, 우리가 사용할 이 센서는 정밀도가 낮아 가속도를 적분해서 속도를 계산하거나 속도를 적분해서 위치 변화를 계산하는 일 등은 할 수 없다.

그럼 브레드보드에 꽂아서 사용할 수 있는 3축 가속도 센서 KXR94-2050을 사용해서 점퍼 와이어로 아두이노와 연결한 후 스케치를 작성하여 작동해 보자.

3.1 연결해 보자

여기서 사용할 3축 가속도 센서 KXR94-2050은 핀이 여덟 개 있는데, 그중 일곱 개를 사용해서 아두이노와 연결한다.

그림 6-8 **가속도 센서(KXR94-2050) 배선**

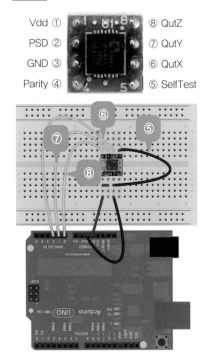

3.2 스케치를 작성해 보자

지금 작성할 스케치는 그림 6-8처럼 아날로그 입력 포트 A0~A2를 사용해서 X 방향, Y 방향, Z 방향 가속도를 읽는다.

변환식은 가속도 센서 KXR94-2050의 사양이 작성되어 있는 데이터 시트를 참조하여 다음과 같이 쓸 수 있다.

> 가속도 값 = 출력 값 × 공급 전압 / 1023 - 공급 전압 / 2

그럼 이제 스케치를 살펴보자.

스케치 6-6 **가속도 센서 스케치 ①**

```
void setup()
{  Serial.begin(9600);  }
void loop() {
    Serial.print(" X = "); Serial.print(acc(A0));
    Serial.print(" Y = "); Serial.print(acc(A1));
    Serial.print(" Z = "); Serial.println(acc(A2));
    delay(100);
}
float acc(byte pin)    // 가속도 값 변환식
{ return (analogRead(pin) * 5.0 / 1023.0 - 2.5); }
```

스케치 6-6에서는 변환식을 외부 함수 acc로 정의했다. 매개변수는 핀 번호로 하고 함수의 반환 값인 가속도 값은 실수(float 형)이다.

3.3 작동해 보자

그럼 방금 작성한 스케치를 실행해서 작동해 보자. 가속도 센서를 수평으로 하면 중력이 Z 방향에 출력되는 것을 확인했는가? 여러 방향으로 기울여 보며 중력 방향이 변하는 것을 읽어 보기 바란다.

그림 6-9 가속도 센서 예제 스케치의 시리얼 모니터 출력 화면

3.4 바꿔 보자

스케치 6-6의 loop 함수에는 Serial.print 문이 몇 번이나 나오는데, 여기서 사용되는 변환식과 화면에 출력하는 구문을 하나로 합친 함수를 만들어 보자. 이 함수는 반환 값이 없는 void 형이다.

스케치 6-7 가속도 센서 스케치 ②

```
void setup()
{  Serial.begin(9600);  }
void loop() {
  acc_print('X', A0);
  acc_print('Y', A1);
  acc_print('Z', A2);
  Serial.println();
  delay(100);
}
float acc_print(char d, byte pin) {
  Serial.print(d);
  Serial.print(" = ");
```

```
    Serial.print(analogRead(pin) * 5.0 / 1023.0 - 2.5);
    Serial.print(" ");
}
```

스케치 6-6과 6-7의 차이를 이해하고 더 나아가 독자 스스로 프로그래밍을 더 발전시켜 보기 바란다.

3.5 중요한 점을 알아보자

출력 값을 보면 알 수 있듯이 가속도 센서는 중력 방향을 읽을 수 있다. 이 중력 방향을 통해 기울기도 알아낼 수 있다. 값을 읽는 간격을 0.01초 정도로 짧게 하면 지진 파동도 측정할 수 있다.

이 절에서 소개한 가속도 센서는 아날로그 센서였지만 시리얼 통신(I2C)을 사용한 센서도 저렴하다. 인터넷 쇼핑몰에서 저렴한 센서를 구매하여 시리얼 통신을 사용한 센서에도 도전해 보는 것은 어떨까?

4 초음파 거리 센서(아날로그)를 사용해 보자

초음파 거리 센서는 사람의 귀로는 들을 수 없는 고주파 소리를 출력한 후, 반사물에 반사되어 돌아오는 시간을 측정해 거리를 측정한다. 사람, 동물, 물건 등이 다가오고 멀어지는 것을 감지하거나, 물이 불어나는 정도를 측정하거나, 전장까지의 높이를 측정하는 등 다양하게 활용할 수 있다.

이 절에서는 초음파 거리 센서의 작동 원리를 설명하고 프로그래밍할 때 중요한 점을 소개한다. 이 센서의 작동 원리를 이미 알고 있다면 6.4.2절부터 학습해도 된다.

4.1 초음파 거리 센서란

초음파 거리 센서의 작동 원리를 그림 6-10에 나타냈다. 장애물까지의 거리(L), 장애물에 반사된 초음파가 돌아오는 데 걸리는 시간(ΔT), 음속(C) 사이의 관계를 다음과 같은 식으로 정리할 수 있다.

초음파 거리 센서에 사용하는 식

L = C × ΔT / 2
L은 장애물까지의 거리
C는 음속(간이식은 331 + 0.6 × t: 단위 m/s)
ΔT는 초음파를 발신한 직후부터 수신하기까지 걸리는 시간

그림 6-10 **초음파 센서의 작동 원리(장애물까지의 거리와 초음파 시간 차의 관계)**

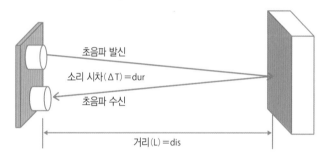

초음파 거리 센서는 그림 6-11에 나타냈듯이 디지털 신호 HIGH와 LOW의 전환을 통해 송수신기(발신 쪽과 수신 쪽)에서 시간 차를 읽을 수 있다.

여기서는 앞서 살펴본 음속 계산식의 온도(t)를 15℃로 가정하고, 음속(C) 340m/s를 거리 계산에 사용한다.

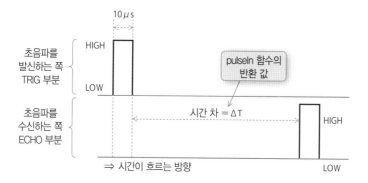

그림 6-11 **초음파 거리 센서의 송신 쪽과 수신 쪽 사이 관계**

지금까지 설명한 내용들을 종합하여 장애물까지의 거리(L)와 초음파 거리 센서로 읽는 시간 차(ΔT)를 다음과 같은 식으로 정리할 수 있다.

```
L = 340 × ΔT / 2 (단위: m)
  = 170 × ΔT
```

이 식에서는 단위로 미터(m)와 초(s)를 사용하는데, 실제로 초음파 거리 센서에서 얻을 수 있는 값의 범위(데이터 시트의 사양 참고)는 2cm~4m정도이므로 시간 차에는 마이크로초를 사용해야 한다.

4.2 초음파 거리 센서를 연결해 보자

초음파 거리 센서는 한 개에 만 원이 넘는 것이 많다. 그리고 송신기와 수신기를 따로 가진 타입과 송수신기가 하나로 되어 있는 타입이 있다. 연결하는 핀도 전원과 GND 핀을 포함하여 하나의 핀으로 송수신하는 3핀 타입과 송신과 수신을 각각 다른 핀으로 하는 4핀 타입이 있다.

여기서는 송수신기가 따로 달린 타입을 사용하고, 3핀 타입과 4핀 타입 둘 다 소개한다. 이 두 센서가 측정할 수 있는 거리의 범위는 수 센티미터에서 3~4m까지이다. 또한, 둘 다 5V를 사용하므로 3.3V를 사용하는 아두이노에서는 사용할 수 없으니 주의하기 바란다.

그림 6-12 초음파 거리 센서(왼쪽: 4핀 HC-SR04, 오른쪽: 3핀 SEN136B5B)

초음파 거리 센서는 디지털 신호를 사용하는 센서이고 각 핀의 의미는 표 6-1에 정리했다.

표 6-1 초음파 거리 센서의 핀

제품 이름	HC-SR04	SEN136B5B
핀 수	4	3
핀의 의미 (정면 왼쪽부터)	Vcc: 5V Trig: 송신 쪽 핀 Echo: 수신 쪽 핀 Gnd: 접지	SIG: 송수신 핀 VCC: 5V GND: 접지
측정 거리 범위	2cm~4m	3cm~4m

이제 핀을 아두이노에 연결해 보자. 여기서는 4핀 타입(HC-SR04)과 3핀 타입(SEN136B5B) 둘 다 소개한다.

우선 4핀 초음파 거리 센서 HC-SR04는 Trig 핀(송신 쪽)을 D8에 연결하고, Echo 핀(수신 쪽)을 D9에 연결한다. Trig 핀과 Echo 핀은 디지털 핀이므로 D0~D13과 아날로그 입력 포트 A0(D14)~A5(D19)를 사용할 수 있다.

그림 6-13 4핀 초음파 거리 센서(SC-SR04) 연결

3핀 초음파 거리 센서 SEN136B5B는 그림 6-14처럼 직접 아날로그 입력 포트에 꽂아 보자. 6.1.4절에서 소개했듯이 전원과 GND를 디지털 핀의 HIGH와 LOW로 처리한다.

그림 6-14 **3핀 초음파 거리 센서(SEN136B5B) 연결**

4.3 스케치를 작성해 보자

4핀 타입과 3핀 타입 초음파 거리 센서를 작동하게 할 수 있는 각 스케치를 작성해 보자. 먼저 4핀 타입(HC-SR04)을 작동하게 하는 스케치를 작성해 본다.

스케치 6-8 **4핀 초음파 거리 센서 HC-SR04를 사용하는 스케치**

```
#define TRIGPIN 8        // 트리거(송신쪽) 핀
#define ECHOPIN 9        // 에코(수신쪽) 핀
#define CTM 10           // HIGH인 시간(μ초)
void setup() {
  Serial.begin(9600);
  pinMode(TRIGPIN, OUTPUT);     // 트리거 핀을 디지털 출력으로 설정
  pinMode(ECHOPIN, INPUT);      // 에코 핀을 디지털 입력으로 설정
}
void loop() {
  int dur;               // 시간 차(μ초)
  float dis;             // 거리(cm)
  digitalWrite(TRIGPIN, HIGH);
  delayMicroseconds(CTM);
```

```
  digitalWrite(TRIGPIN, LOW);
  dur = pulseIn(ECHOPIN, HIGH);       // HIGH가 되기까지 걸리는 시간을 측정
  dis = (float) dur * 0.017;          // 음속을 사용해서 거리 계산
  Serial.print(dis);
  Serial.println(" cm");
  delay(500);
}
```

이 스케치에서는 pulseIn 함수로 초음파가 발신됐을 때부터 반사되어 되돌아올 때까지 걸리는 시간을 읽는다.

같은 방법으로 3핀 타입을 작동하게 하는 스케치를 작성해 보자. 이 스케치에서도 pulseIn 함수를 사용하는 것에 주목하자. pulseIn 함수는 6.4.5절에서 자세히 설명한다.

<u>스케치 6-8</u> **3핀 초음파 거리 센서 SEN136B5B를 사용하는 스케치**

```
#define PIN A0       // 송수신 핀
#define CTM 10       // HIGH인 시간(μ초)
void setup() {
  Serial.begin(9600);
  pinMode(A1, OUTPUT);        // A1 핀을 전원(5V)으로 설정
  digitalWrite(A1, HIGH);
  pinMode(A2, OUTPUT);        // A2 핀을 GND로 설정
  digitalWrite(A2, LOW);
}
void loop() {
  int dur;     // 시간 차(μ초)
  float dis;   // 거리(cm)
  pinMode(PIN, OUTPUT);
  digitalWrite(PIN, HIGH);
  delayMicroseconds(CTM);
  digitalWrite(PIN, LOW);
  pinMode(PIN, INPUT);
  dur = pulseIn(PIN, HIGH);   // HIGH가 되기까지 걸리는 시간을 측정
  dis = (float)dur * 0.017;
  Serial.print(dis);
```

```
        Serial.println(" cm");
        delay(200);
    }
```

4.4 작동해 보자

그럼 작성한 스케치를 작동해 보자. 그림 6-15처럼 측정된 거리가 시리얼 모니터에 표시된
다. 정확히 표시되었는가? 센서에 손을 가깝게 하거나 멀게 하여 표시되는 수치를 확인해
보자.

그림 6-15 **초음파 센서 예제 스케치의 시리얼 모니터 출력 화면**

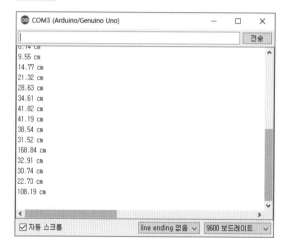

4.5 중요한 점을 알아보자

지금까지 초음파 거리 센서에 pulseIn 함수를 사용했다. 이 함수의 사용 방법은 다음과 같다.

pulseIn 함수 사용 방법

unsigned long pulseIn(byte *pin*, boolean *val*, unsigned long *tout*);
pin: 펄스를 입력하는 핀 번호
val: 측정할 펄스 종류(HIGH 또는 LOW)
tout: 타임아웃 시간(생략 가능)
반환 값: 펄스의 길이(마이크로초)

지금까지 소개한 두 스케치에서는 pulseIn 함수로 HIGH인 시간을 반환받아서 거리 계산에 사용했다. 또한, 거리는 다음 음속 간이식으로 구했다.

```
C(음속) = 331 + 0.6 × t[m/s]
여기서 t는 온도(도)
```

여기서는 온도(t)를 15도라 하고, 음속을 340m/s로 하여 거리를 계산했다. 그런데 온도가 0 도나 25도라면 각 음속이 331m/s, 346m/s가 되어 가정했던 340m/s일 때와 −9m/s, 6m/s 오차가 난다. 다시 말해 거리 센서에서 300cm가 나오면 외부 온도가 0℃일 때의 오차는 −7.9cm(−9 / 340 * 300)이고, 25℃일 때의 오차는 +5.3cm(+6 / 340 * 300)가 된다. 이 오차를 없애고 싶다면 온도 센서로 온도 값을 측정해서 계산식에 활용해 보면 어떨까?

> **TIP**
> 3핀 초음파 거리 센서를 사용할 때 6.1.4절에서 소개한 내용을 따라 디지털 출력 포트를 직접 전원과 GND로 사용해 봤다. 이 방법을 4핀 센서에서도 사용할 수 있지 않을까 해서 도전해 보았지만, 안타깝게도 몇 가지 제품에서 문제가 발생해 거리 계산을 할 수 없었다. 문제를 파악하기 위해 오실로스코프*를 사용해서 조사해 보았는데, 전원 5V가 불안정해져서 센서가 제대로 작동하지 않는 제품이 있었다(일부 제품은 제대로 동작했다).

⑤ 적외선 거리 센서(아날로그)를 사용해 보자

이번에는 적외선 거리 센서를 사용해서 거리를 측정해 보자. 샤프에서 만든 적외선 거리 센서 GP2Y0A21YK는 만 원이 채 안 되고 다루기도 쉬워서 많이 사용하는 전자 부품 중 하나이다. 사양서에는 장애물과의 거리를 10cm 전후부터 80cm 정도까지 감지할 수 있다고 쓰여 있다. 전원으로는 5V 전압을 공급한다.

---

* 역주 연결한 선의 전압 변화를 시간에 따른 그래프로 표시해 주는 장치

적외선 거리 센서도 아날로그 입력으로 0~1023 값을 출력하는데, 거리를 계산할 때 사용하는 계산식은 조금 복잡하다.

그림 6-16 **적외선 거리 센서(GP2Y0A21YK)**

5.1 적외선 거리 센서의 구조 살펴보기

적외선 거리 센서의 작동 원리를 살펴보자. 적외선 거리 센서는 초음파 거리 센서와 달리 반사되어 돌아온 빛의 속도의 오차를 측정하는 것은 불가능하다. 적외선 빛의 속도가 너무 빠르기 때문이다. 적외선 거리 센서는 발신한 적외선이 장애물에 부딪혀 돌아온 것을 수신할 때까지 걸린 작은 시간 차이로 거리를 계산한다.

그림 6-17 **적외선 거리 센서의 작동 원리**

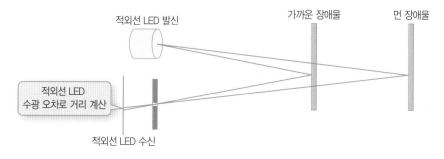

5.2 연결해 보자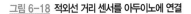

적외선 거리 센서 GP2Y0A21YK를 아두이노에 연결하는 방법은 간단하다. 이 센서에는 총세 개의 케이블이 있는데, 두 케이블은 전원 전압 5V과 GND에 연결하고 센서 값이 나오는 케이블은 아날로그 입력 포트에 연결하면 된다.*

여기서는 그림 6-18처럼 센서 값이 나오는 케이블을 아날로그 입력 포트 A0에 연결해 보자.

그림 6-18 **적외선 거리 센서를 아두이노에 연결**

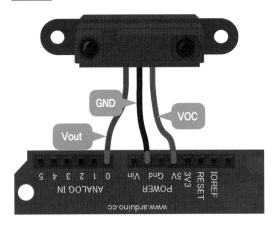

5.3 스케치를 작성해 보자

이번에 살펴볼 스케치에서는 먼저 변수 Vcc에 전원 전압 5V를 실수로 할당한다. 출력되는 결과를 실수 단위로 계산하기 위해 실수(float) 변수 dist를 사용한다.

적외선 거리 센서 GP2Y0A21YK는 거리 계산을 위해 다음과 같은 근사 변환식을 사용해서 프로그래밍한다. 이 근사 변환식은 데이터 시트에 나와 있는데, 6.5.6절에서 자세히 알아본다.

거리 $= 26.549 \times$ 전압 $Vout^{-1.2091}$

---

* 편집주 이 제품도 납땜이 필요할 수 있다. 앞서 소형 DC 팬을 다룰 때 설명했듯이, 납땜 방법은 유튜브 영상을 참고하고 납땜에 필요한 준비물은 부록 A를 참고하기 바란다.

수학을 잘하지 못해도 스케치 6-10처럼 프로그래밍하면 거리가 계산된다.

<u>스케치 6-10</u> **적외선 거리 센서를 사용하는 스케치**

```
float Vcc = 5.0;      // 전압(5V)
float dist;

void setup()
{
  Serial.begin(9600);
}
void loop()
{   dist = Vcc * analogRead(A0) / 1023;
    dist = 26.549 * pow(dist, -1.2091);    // 거리 계산식 두 줄
    Serial.print(" Dist = ");
    Serial.print(dist );
    Serial.println(" cm ");
    delay(300);
}
```

여기서 사용한 변환식은 실제로 다음과 같이 두 줄에 걸쳐 거리(cm)를 계산한다.

```
dist = Vcc * analogRead(A0) / 1023;
dist = 26.549 * pow(dist, -1.2091);
```

첫 번째 줄에서는 analogRead 함수를 사용해서 아날로그 A0 핀에 입력된 값을 읽은 다음 5V로 환산한다.

스케치에 사용된 pow(float x, float y) 함수는 x의 y 제곱을 계산하는 함수다. 물론 이 두 식을 식 하나로 정리할 수도 있다.

```
dist = 26.549 * pow(Vcc * analogRead(A0) / 1023, -1.2091);
```

5.4 작동해 보자

이제 결과를 살펴보자. 스케치를 컴파일해서 아두이노에 업로드한 후 실행해 보자. 적외선 거리 센서를 손으로 가리거나 장애물에 가깝게 또는 멀게 해보자. 대부분 생각했던 대로 거리가 표시되는가?

<u>그림 6-19</u> **적외선 센서 예제 스케치의 시리얼 모니터 출력 화면**

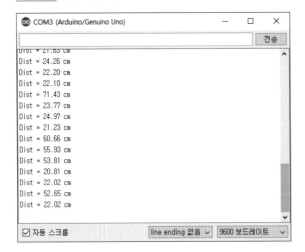

5.5 바꿔 보자

이번에는 적외선 거리 센서를 압전 스피커와 함께 사용해 보자. 거리 센서에 측정된 거리에 따라 압전 스피커에서 다른 음계의 소리를 내게 하는 스케치를 작성해 보자. 여기서는 도레미 음계를 먼저 설정하고 거리에 따라 음계를 변화시킨다(테르민*과 비슷한 악기가 된다).

---

* **역주** 테르민(Theremin)은 악기와 손의 거리로 음계와 소리 크기를 조절하는 전자 악기이다.

그림 6-20 **거리 센서와 압전 스피커를 사용하는 응용 예제**

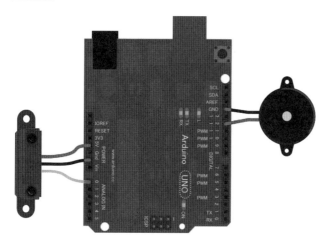

스케치 6-11 **거리 센서와 압전 스피커를 사용한 응용 예제 스케치**

```
#define DUR 200            // 소리의 길이

float Vcc = 5.0;           // 거리 센서 외부 전원
// 음계 주파수(Hz) 도레미...
int fq[] = {262, 294, 330, 349, 392, 440, 494, 524};

void telmin(int dist) {    // 테르민
  int i = dist / 10; if (i>7) i = 7;
  tone(12, fq[i], DUR);    // D12와 GND에 꽂은 압전 스피커
  delay(DUR);
}

void setup() { }

void loop() {
  float Vout = Vcc * analogRead(0) / 1024;    // A0에서 출력되는 전압
  float cm = 26.549 * pow(Vout, -1.2091);
  telmin((int)cm);
}
```

5.6 중요한 점을 알아보자

우리가 사용한 적외선 거리 센서 GP2Y0A21YK는 초음파 거리 센서와 달리 폭넓고 정확한 값을 출력하지는 않는다. 적외선 거리 센서(GP2Y0A21YK)의 데이터 시트에는 출력되는 아날로그 값과 거리 사이의 관계 그래프가 실려 있다. 그래프는 그림 6-21을 참고하기 바란다.

그림 6-21 **적외선 거리 센서(GP2Y0A21YK)의 데이터 시트**

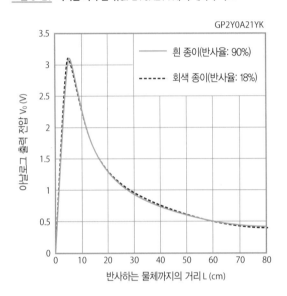

앞에서 사용한 변환식(근사식)은 이 그래프에서 따온 것이다. 이 그래프를 보면 알 수 있지만 변환식에서 거리가 4~5cm 이하가 되면 정밀도가 떨어지므로 사용할 때 주의해야 한다.

좀 더 넓은 범위로 정확한 거리를 알아내려면 초음파 거리 센서를 사용하자.

6 액정 디스플레이(LCD)를 사용해 보자

지금까지 아두이노에 연결한 센서의 출력 값은 컴퓨터의 시리얼 모니터에 표시해서 확인했다. 또한, 전자 부품의 입출력은 아날로그나 디지털의 간단한 형식을 사용했다.

이번에는 조금 더 고급 시리얼 통신인 I2C('아이 스퀘어 씨' 또는 '아이 투 씨'라고 부름)를 사용하여 액정 디스플레이(LCD)를 제어해 보자. LCD를 사용하면 센서 값을 LCD에 표시할 수 있어서 컴퓨터와 연결하지 않아도 되고 어디에나 가지고 다닐 수 있게 된다.

> 여기서 소개하는 제품은 국내에서 구입하기 어려운 제품이다(일본 구매 사이트에서 직접 구입할 수 있다면 구입하여 실습을 진행해도 된다). 그래서 이 절의 마지막에 국내에서 구입할 수 있는 제품과 활용 방법을 소개하여 실습을 원활히 진행할 수 있게 하였으니 참고하여 실습을 진행해 보기 바란다. 앞서 소개하는 예제의 설명은 제품을 구하기는 어려워도 LCD의 동작 원리를 알게 하고 활용 방법을 이해하는 데 도움이 되니 꼭 읽어 보기 바란다.

그럼 최대한 가격이 싸고 간단하게 사용할 수 있는 LCD(8문자×2줄: 인터넷 판매 상품 번호 9C-06669 등)를 소개한다. 제품 번호가 AQM0802A인 시리얼 통신 연결 소형 LCD는 핀 피치가 바뀌어 발매된 것으로 주요 인터넷 쇼핑몰에서 구매할 수 있다. 또한, 이 제품은 알파벳 표시뿐만 아니라 가타카나 표시와 반전 표시, 밑줄 표시, 깜빡이는 표시도 할 수 있다.

그림 6-22 I2C 연결 소형 LCD 모듈

실제로 사용할 때는 피치 변환 기판도 함께 있는 제품을 구매하면 편리하다.

이 절에서는 지금까지 했던 디지털이나 아날로그와는 다른, 시리얼 통신 중 하나인 I2C를 사용해서 LCD 화면을 표시한다. 아두이노에서 I2C를 사용할 때는 헤더 파일 〈Wire.h〉를 선언해야 한다.

I2C를 사용하는 전자 부품은 서로 연결해서 사용할 수 있지만, 같은 부품을 병렬로 연결할 수는 없다. 자세한 설명은 생략하겠지만, 아두이노 우노에서 I2C를 사용할 때는 아날로그 입력 포트 A4와 A5(혹은 SDA와 SDL)를 사용해서 통신한다. 이때 주의할 점은 I2C를 사용할 때는 다른 아날로그나 디지털 전자 부품을 사용할 수 없다는 것이다.

> **TIP**
>
> I2C 연결 소형 LCD 모듈은 아키즈키 전자 에서 'I2C 연결 소형 LCD 모듈 피치 변경 키트(상품 번호 K-06795)'를 구매하거나 스위치 사이언스에서 'I2C 연결 소형 LCD 탑재 보드(상품 번호 SSCI-014076 또는 SSCI-014052)'를 구매하면 된다. 사이트 주소는 부록 D를 참고하기 바란다.

6.1 연결해 보자

여기서 소개할 I2C용 LCD 제품은 표 6-2에 나와 있는 세 종류가 있다. 모두 피치 변환 핀을 사용하고 풀업 저항도 이미 구현되어 있다. 따라서 저항 같은 전자 부품을 사용할 필요 없이 직접 브레드보드에 꽂아서 사용할 수 있는 제품이다. 알아두어야 할 자세한 사양은 없으나 각각의 연결 방법이 다르므로 주의하자.

표 6-2 I2C-LCD 제품과 핀 사양

핀 배열	K-06795	SSCI-014076	SSCI-014052
1	VDD(3.3V)	XRESET	XRESET
2	RESET	VDD(5V)	VDD(3.3V)
3	SCL	GND	GND
4	SDA	SDA	SDA
5	GND	SCL	SCL

이 중 5V 사양인 SSCI-014076은 직접 아두이노 우노 R3의 아날로그 입력 포트 A2~A5에 꽂아서 사용할 수 있다. 이 말은 I2C의 SDA와 SCL 포트는 아두이노 A4와 A5를 사용하고 6.1.4절에서 소개했던 VDD(A2)와 GND(A3)를 디지털 출력 HIGH와 LOW로 하여 사용할 수 있다는 말이다. 이때 RESET이나 XRESET은 연결하지 않아도 상관없다.

그림 6-23 K-06795(왼쪽)와 SSCI-014076 및 SSCI-014052(오른쪽)

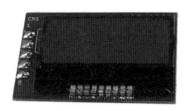

그림 6-24는 아두이노 우노 R3의 아날로그 입력 포트 A2~A5에 직접 LCD(SSCI-014076)를 꽂아서 사용하는 모습이다.

그림 6-24 아두이노와 I2C-LCD(SSCI-014076)를 직접 연결

6.2 스케치를 작성해 보자

다음으로 스케치를 작성해 보자. I2C를 사용하기 위해 앞에서 이야기했던 아두이노 헤더 파일 Wire.h를 사용한다. 또한, 여기서 사용하는 LCD I2C 모듈의 기본 모듈은 이 장 마지막에 부분에 작성해 둔다. 관심이 있는 사람은 내용을 공부해서 이해하면 좋겠다.

여기서는 표 6-3에 있는 LCD용 함수를 사용해서 스케치를 작성한다.

표 6-3 I2C-LCD 라이브러리 함수

함수	간단한 설명
lcd_init()	I2C_LCD 초기화
lcd_clear()	화면 지우기
lcd_DisplayOff()	화면 표시 안함

함수	간단한 설명
lcd_DisplayOn()	화면 표시
lcd_printStr(str)	문자열 표시 **str:** 표시할 문자열
lcd_setCursor(x, y)	커서 위치 설정 x: 문자 열 번호 y: 줄 번호

간단한 예제로 카운트 업을 하는 스케치를 작성해 보자.

단, 여기 있는 I2C-LCD 함수(I2C_LCD.ino: 6장 부록 참고)는 별도로 탭 화면 기능(7.2절의 215쪽 참고)을 사용해서 불러와 두어야 한다.

<u>스케치 6-12</u> **I2C-LCD 화면에 카운트 업을 하는 스케치**

```
#include <Wire.h>            // I2C-LCD에서 사용하는 라이브러리(필수)
void setup() {
  pinMode(A2, OUTPUT);       // Vdd 핀
  digitalWrite(A2, HIGH);
  pinMode(A3, OUTPUT);       // GND 핀
  digitalWrite(A3, LOW);
  delay(100);                // 대기 시간 (필수)
  lcd_init();                // I2C LCD 초기화
  lcd_setCursor(0, 0);       // 타이틀 문자 커서 위치 설정
  lcd_printStr("** Count");  // 첫 번째 줄 타이틀 문자열 표시
  delay(1000);
}
void loop() {
  static int i = 0;          // 카운트 수
  char pr[8];                // 카운트 수를 표시할 문자열 버퍼
  lcd_setCursor(0, 1);       // 카운트 수를 표시할 커서 위치 설정
  sprintf(pr, " No.%4d", i++);   // 카운트 수 문자열화
  lcd_printStr(pr);              // 카운트 수 표시
  delay(100);
}
```

이 스케치는 그림 6-24처럼 LCD 화면 첫 번째 줄에 ** Count 문자열을 표시하고 두 번째 줄에 No.라고 표시한 후 카운트 업을 하는 숫자를 표시한다.

여기서는 sprintf 함수를 사용해 일단 숫자를 문자열로 변환하고 난 후 LCD에 표시한다.

setup 함수 안에는 delay 함수 두 개를 사용했다. 특히 처음에 나오는 delay(100);은 전원과 GND 설정을 처리한 후에 lcd_init 처리를 하게 한다. 이 delay가 없어지면 LCD에 정상적으로 표시되지 않으므로 주의하자. 이는 전원이 안정한 상태가 되기까지를 기다리는 시간 설정이다.

6.3 작동해 보자

그럼 작성한 스케치를 컴파일해서 작동해 보자. 그림 6-25처럼 화면이 표시되고 숫자가 카운트 업 되는가?

어떤가? 간단하게 LCD에 숫자를 표시할 수 있었는가?

그림 6-25 **스케치 6-12의 LCD 결과 표시 화면 예**

6.4 응용해 보자

다음으로 6.4절에서 소개한 초음파 거리 센서(SEN136B5B) 값을 LCD에 표시해 보자. 더 나아가 장애물이 있는 임곗값(설정한 어떤 값)이 되면, 즉 장애물이 있는 범위 안쪽(여기서는 10cm 안쪽)으로 가까워지면 버저를 울리고 LCD에 수치를 나타내 보자.

연결 방법은 그림 6-26과 같다.

그림 6-26 **적외선 거리 센서 + 버저 + I2C-LCD를 연결한 응용 예제**

각각 연결 핀은 다음과 같다.

- 초음파 거리 센서(SIG: D8, VCC: D9, GND: D10)
- 버저(플러스 쪽: D12, 마이너스 쪽: GND) (극성은 그다지 상관없다)
- I2C-LCD(VDD: A2, GND: A3, SDA: A4, SCL: A5)

여기서는 스케치 6-13을 사용했고, 입력 부품은 초음파 거리 센서, 출력 부품은 LCD와 스피커를 사용했다. 이 점을 고려해서 선언과 그 후의 처리 스케치를 살펴보자. 실행 결과는 그림 6-24처럼 LCD 화면에 거리가 표시되고 장애물이 10cm 안쪽으로 오면 버저가 울리며 LED가 켜진다. 확인할 수 있었는가?

스케치 6-13 **초음파 거리 센서, 버저, I2C-LCD를 사용하는 예제**

```
#include <Wire.h>        // I2C-LCD에서 사용하는 라이브러리
#define SIGPin 8         // 초음파 거리 센서 송수신 핀
#define VCCPin 9         // 초음파 거리 센서 전원 핀
#define GNDPin 10        // 초음파 거리 센서 GND 핀
#define CTM 10           // HIGH 시간(μ초)
void setup() {
```

```
  pinMode(VCCPin, OUTPUT);        // 초음파 거리 센서 전원 설정
  digitalWrite(VCCPin, HIGH);
  pinMode(GNDPin, OUTPUT);        // 초음파 거리 센서 GND 설정
  digitalWrite(GNDPin, LOW);
  pinMode(A2, OUTPUT);            // I2C-LCD 전원 설정
  digitalWrite(A2, HIGH);
  pinMode(A3, OUTPUT);            // I2C-LCD GND 설정
  digitalWrite(A3, LOW);
  delay(100);                     // 대기 시간(필수)
  pinMode(13, OUTPUT);            // LED 설정
  pinMode(12, OUTPUT);            // 버저 설정
  lcd_init();                     // I2C-LCD 초기화
  lcd_setCursor(0, 0);
  lcd_printStr(" Dist ");
  delay(1000);
}
void loop() {
  int dur;   // 시간차(μ초)
  int dis;   // 거리(cm)
  pinMode(SIGPin, OUTPUT);
  digitalWrite(SIGPin, HIGH);
  delayMicroseconds(CTM);
  digitalWrite(SIGPin, LOW);
  pinMode(SIGPin, INPUT);
  dur = pulseIn(SIGPin, HIGH);   // 돌아오는 시간 계산
  dis = (int)dur * 0.017;
  char pr[8];
  sprintf(pr, "%4d cm", dis);
  lcd_setCursor(0, 1);
  lcd_printStr(pr);
  // 10cm 임곗값 안에서 버저와 LED를 켬
  if (dis<10) { tone(12, 500, 50); digitalWrite(13, HIGH); }
  // 그 외에는 끔
  else { noTone(12); digitalWrite(13, LOW); }
  delay(50);
}
```

6.5 중요한 점을 알아보자

I2C-LCD를 사용할 때 스케치 안에서는 다음과 같은 순서에 따라 사용한다.

③ 헤더 파일 〈Wire.h〉를 #include로 선언

③ lcd_init 함수로 LCD 사용 선언(초기화)

③ 좌푯값 설정 함수(lcd_setCursor 함수)와 문자열 표시 함수(lcd_printStr 함수)를 사용해서 문자 표시

가타카나 표기 등은 사양서에 코드표가 실려 있으므로 그 코드를 출력 문자열에 넣으면 표시할 수 있다. 이것도 한번 스스로 해 보면 어떨까?

부록 I2C_LCD.ino 함수 라이브러리

```
#define I2Cadr 0x3e     // 고정 i2C용 주소
byte contrast = 30;     // 대비(0~63)
// ***** i2C_LCD 초기화 함수(필수)
void lcd_init(void) {    // I2C_LCD 초기화
  Wire.begin();
  lcd_cmd(0x38); lcd_cmd(0x39); lcd_cmd(0x4); lcd_cmd(0x14);
  lcd_cmd(0x70 | (contrast & 0xF)); lcd_cmd(0x5C | ((contrast >> 4) & 0x3));
  lcd_cmd(0x6C); delay(200); lcd_cmd(0x38); lcd_cmd(0x0C); lcd_cmd(0x01);
  delay(2);
}
// ***** I2C_LCD에 업로드
void lcd_cmd(byte x) {   // I2C_LCD에 업로드
  Wire.beginTransmission(I2Cadr);
  Wire.write(0X00);      // C0 = 0, RS = 0
  Wire.write(x);
  Wire.endTransmission();
}
// ***** 화면 클리어 함수
void lcd_clear(void) { lcd_cmd(0x01); }
// ***** 화면 표시 Off 함수
void lcd_DisplayOff() { lcd_cmd(0x08); }
// ***** 화면 표시 On 함수
```

```
void lcd_DisplayOn() { lcd_cmd(0x0C); }
// ***** 서브 함수 1
void lcd_contdata(byte x) {
  Wire.write(0xC0);     // C0 = 1, RS = 1
  Wire.write(x);
}
// ***** 서브 함수 2
void lcd_lastdata(byte x) {
  Wire.write(0x40);     // C0 = 0, RS = 1
  Wire.write(x);
}
// ***** 문자 표시 함수
void lcd_printStr(const char *s) {
  Wire.beginTrasmission(I2Cadr);
  while (*s) {
    if (*(s + 1)) {
      lcd_contdata(*s);
    } else {
      lcd_lastdata(*s);
    }
    s++;
  }
  Wire.endTransmission();
}

// ***** 표시 위치 지정 함수 x: 자리(0~7), y: 줄(0, 1)
void lcd_setCursor(byte x, byte y) {
  lcd_cmd(0x80 | (y * 0x40 + x));
}
```

※ 사용할 때는 따로 #include <Wire.h>를 호출해야 한다.
  또한, 파일명은 I2C_LCD.h가 아니어도 된다.

참고 앞서 소개했던 K-06795, SSCI-014076, SSCI-014052 제품은 국내에서 구하기 어려운 제품이다. 따라서 국내에서 구하기 쉬운 다음 제품을 사용하여 실습을 진행해 보자.

그림 6-27 **사용할 I2C-LCD 제품**

 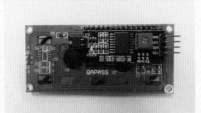

이 제품은 다음 사이트 등에서 구입할 수 있다.

❶ http://goo.gl/8w7ZWT

LCD와 모듈이 분리되어 있어서 납땜이 필요하다. 구매 페이지에서 배선 방법과 예제 스케치, 주의사항 등을 확인할 수 있다.

❷ http://goo.gl/cMhvbJ

LCD와 모듈이 이미 납땜으로 고정되어 있어서 납땜을 하지 않아도 된다. 구매 페이지에서 라이브러리와 예제 스케치를 내려받을 수 있다.

두 구매 사이트를 함께 참고하여 배선 방법, 예제 스케치 등을 익히기 바란다. 첫 번째 구매 사이트에서는 배선 방법과 주의사항을 참고하고, 두 번째 구매 사이트에서 라이브러리와 예제 스케치를 내려받아 사용하는 것이 좋다.

그러면 먼저 I2C-LCD를 연결해 보자.

그림 6-28 **I2C-LCD 연결**

GND는 GND에 연결하고, VCC는 5V에, SDA는 A4에, SCL은 A5에 연결하면 된다.

라이브러리와 예제 스케치는 책에 실을 수 없는 점 양해 바란다. 연결한 후 내려받은 예제 스케치 중에서 HelloWorld.pde를 불러와서 실행해 보자(IDE는 ino 확장자 또는 pde 확장자만 불러올 수 있다). 이때 주의할 점이 몇 가지 있다.

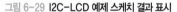 라이브러리는 다음과 같은 경로에 설치되어 있어야 아두이노 IDE에서 찾을 수 있다.

```
C:\Users\genie\Documents\Arduino\libraries\LiquidCrystal_I2C
```

C 드라이브와 Arduino 폴더 사이의 폴더들은 컴퓨터마다 다를 수 있다. IDE에서 스케치 파일이 저장되는 Arduino 폴더의 위치를 확인하기 바란다. 중요한 점은 Arduino 폴더 아래에 있는 Libraries 폴더에 라이브러리가 들어 있어야 한다는 것이다.

❷ 구매 사이트에서 라이브러리와 예제 파일이 rar 확장자로 제공되는데, zip 확장자로 바꿔서 압축한 후 IDE 메뉴바에서 스케치 > 라이브러리 포함하기(include Library) > ZIP 라이브러리 추가(Add .ZIP Library)를 선택하여 추가하면 자동으로 1에서 말한 경로에 추가가 된다.

라이브러리가 제대로 설치가 됐다면 IDE 메뉴바에서 파일 > 예제를 선택했을 때 제일 아래에 LiquidCrystal_I2C가 있어야 하고, 이를 통해 예제를 불러올 수 있어야 한다.

라이브러리를 제대로 설치했다면 HelloWorld 예제를 실행해 보자.

그림 6-29 I2C-LCD 예제 스케치 결과 표시

제대로 작동하는 것을 확인했는가? 혹시 작동하지 않는다면 다음 사항을 확인해 보기 바란다.

❶ LCD 모듈 뒤쪽에 + 모양의 가변저항이 있다. 이 가변저항을 돌려서 contrast를 조절해 보기 바란다. contrast가 너무 낮게 설정되어 있거나 너무 높게 설정되어 있으면 화면에 아무것도 표시되지 않는 것처럼 보일 때가 있다.

❷ 수입처에 따라 I2C 주소가 다를 수 있다. 내려받은 스케치의 I2C 주소는 다음과 같다.

```
LiquidCrystal_I2C lcd(0x27, 16, 2);
```

그런데 0x27가 아닌 0x3F일 수 있으니, 작동하지 않는다면 다음과 같이 수정해 보기 바란다.

```
LiquidCrystal_I2C lcd(0x3F, 16, 2);
```

❸ 버전에 따른 문제로 1.6.7 등의 버전에서는 한 글자만 출력될 수도 있다. 1.6.5 버전에서 다시 확인해 보기 바란다.

여러 가지 팁

두 아두이노 사이의 아날로그 통신

인터넷에는 여러 센서 부품 등을 아두이노에 연결해 본 후기나 스케치 등 여러 사람이 올려둔 정보가 많다. 이 정보야말로 아두이노의 자산이다. 여러 정보를 찾아낼 수 있다면 혼자서도 한 단계 더 나아갈 수 있는 발판을 마련할 수 있을 것이다.

7장에는 아두이노를 사용할 때 유익한 정보를 실어두었다. 이 외에도 아두이노의 깊고 자세한 내용을 인터넷 서핑이라는 보물찾기로 찾아보면 어떨까?

여기에 실어둔 정보는 아두이노 입문자가 알아두면 유용한 것이다. 대부분 인터넷에서도 찾을 수 있는 정보이므로 혼자서도 효율적으로 정보 수집에 도전해 보자.

1 타이머 기능 사용하기

아두이노에는 프로그램이 실행됐을 때부터 시간을 재는 기능이 있다. 또한, 아두이노 우노는 약 0.004밀리초(4마이크로초) 단위로 시각을 읽을 수 있다. 이 기능을 사용하면 센서 값을 일정 시간 간격으로 읽거나 LED를 일정 시간 간격으로 켜지게 할 수 있다. 이 절에서는 이러한 타이머 기능을 사용하는 방법을 소개한다.

1.1 타이머 기능이란

표 7-1에 타이머 기능을 사용해 시간을 읽는 함수를 정리했다. 이 함수들은 반환 값으로 시각을 반환한다.

표 7-1 **시각을 반환하는 함수**

함수 이름	설명	반환 값
unsigned long millis()	아두이노에서 프로그램이 실행된 때부터 흐른 시간(밀리초)을 반환한다. 약 50일이 지나면 오버플로되어 0부터 다시 시작한다.	실행된 때부터 흐른 시간(밀리초)
unsigned long micros()	아두이노에서 프로그램이 실행된 때부터 흐른 시간(마이크로초)를 반환한다. 약 70분이 지나면 오버플로되어 0부터 다시 시작한다. 참고로 아두이노 우노 R3는 4마이크로초 간격으로 시간이 흐른다.	실행된 때부터 흐른 시간(마이크로초)

타이머 기능을 활용한 함수로는 프로그램을 일정한 시간 동안 대기(보류)시키는 함수도 있다. 지금까지 썼던 delay 함수도 여기에 포함된다(표 7-2).

표 7-2 **프로그램을 대기시키는 함수**

함수 이름	설명	대기 시간	반환 값
void delay(ms)	프로그램을 지정한 시간(ms 밀리초) 동안 대기시킨다.	ms(밀리초)	없음
void delayMicroseconds(us)	프로그램을 지정한 시간(ms 마이크로초) 동안 대기시킨다.	us(마이크로초)	없음

이 함수를 사용하면 어느 정도 시간을 제어할 수 있다. 단, 실제 시각과 연동하여 제어하려면 따로 실시간 시계(real time clock, 리얼 타임 클록) 같은 전자 부품이 필요하다.

그러면 이 함수를 사용하여 프로그래밍을 해보자.

1.2 일정 시간 간격으로 센서 값 가져오기

시간 함수를 사용해서 일정 시간 간격으로 작동하게 하는 스케치를 작성해 보자. 스케치 7-1은 일정 시간 간격으로 LED를 깜빡이게 한다. 여기서는 아두이노의 디지털 핀 D13에 장착된 LED를 사용해서 정확히 1초 간격으로 켰다가 끄는 것을 반복한다. 2장에서 소개했던 예제 스케치 Blink.ino를 떠올려 보자.

```
void setup() {
  pinMode(13, OUTPUT);
}
void loop() {
  digitalWrite(13, HIGH);
  delay(1000);
  digitalWrite(13, LOW);
  delay(1000);
}
```

이 스케치에서는 대기 함수 delay(1000);이 1초 동안 처리를 중단시키지만, digitalWrite 함수를 처리하는 시간은 고려되지 않았다. 다시 말해 이 스케치로는 LED를 정확히 1초 간격으로 깜박이게 하지 않는다. 그럼 이번에는 정확히 1초 간격으로 LED를 깜빡이게 하는 스케치를 작성해 보자.

스케치 7-2 정확히 대기 시간 1초마다 LED를 켜고 끈다

```
void setup() {
  pinMode(13, OUTPUT);
}
void loop() {
  static unsigned long tm = millis();   // 시각 초기화
  digitalWrite (13, HIGH);              // LED 켬
  while (tm + 1000 > millis());         // 1초 이내
  digitalWrite (13, LOW);              // LED 끔
  while (tm + 2000 > millis());         // 1초 이내
  tm = tm + 2000;                       // 시각 재설정
}
```

여기서는 loop 함수의 첫 번째 줄에 나오는 static unsigned long tm = millis();가 시각을 초기화한다. 한 번 static이 선언되면 loop 함수가 두 번째 실행될 때 static 변수는 다시 초기화되지 않는다.

다음으로 시간 처리를 하는 두 번째 줄 while (tm + 1000 > millis());와 while (tm + 2000 > millis());를 살펴보자. 이 둘은 while 제어문 안에서 각각 시간이 1초가 지날 때까지와 2초가 지날 때까지 대기하는 처리를 한다. 다시 말해 처음에 선언한 시각 초기화부터 tm이 1초 지날 때까지와 2초 지날 때까지 while 문 안에서 대기한다.

loop 함수의 처리 순서도를 살펴보자(그림 7–1).

그림 7–1 정확히 1초 간격으로 LED를 깜빡이게 하는 스케치의 순서도

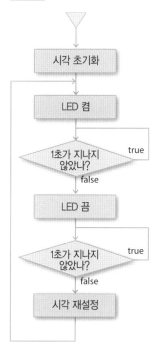

1.3 타이머 기능 응용

다음으로 버저를 사용하여 타이머를 만들어 보자. 그림 5–6에서도 소개했듯이 버저를 아두이노 D9와 GND 핀에 연결하고 지정한 숫자 값(초)이 지나면 버저(알람)를 울리게 한다.

스케치 7–3은 지정한 타이머 시간 값(초)과 그 값을 십 등분 한 시간이 지났을 때 지난 시간을 표시하고, 타이머 시간이 됐을 때 버저를 울린다.

```
void setup() {
  Serial.begin(9600);
  unsigned long TMS = 10;
  Serial.print(TMS);
  Serial.println(" SECONDS(sec)");
  TMS = TMS * 1000;        // 밀리초로 바꿈
  static unsigned long tm = millis();
  int i = 0;
  char pr[20];
  while (tm+TMS > millis()) {
    while (tm + TMS * i / 10 > millis());
    sprintf(pr, " count: %2d/10 : %3d sec", i, TMS * i / 10000);
    Serial.println(pr);
    i++;
  }
  pinMode(9, OUTPUT);     // 버저 핀 연결(D9)
  while (1) {
    tone(9, 256, 500);
    delay(1000);
  }
}
void loop() {}
```

그림 7-2 **스케치 7-3을 실행한 후의 시리얼 모니터**

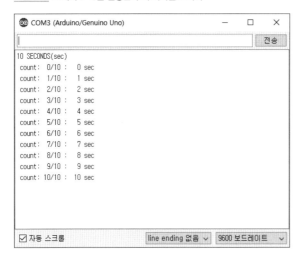

실행 후의 동작은 그림 7-2처럼 설정된 값(TMS초)의 10분의 1 간격으로 숫자가 커지는 것이다. 스케치의 세 번째 줄에 있는 unsigned long TMS = 10;의 값 10을 다른 값으로 바꿔서도 실행해 보자.

② 탭으로 스케치 여러 개 사용하기

지금까지는 IDE에서 스케치를 하나만 사용했다. 이 절에서는 스케치를 여러 개 사용해서 프로그래밍해 본다. 다시 말해 스케치 여러 개를 프로그램 하나로 컴파일하여 아누이노에 업로드한다. 이때 스케치 여러 개라는 것은 스케치가 여러 파일에 나뉘어 있는 것을 말한다. 큰 소스 코드(소스 파일)를 작성할 때나, 기능별로 파일을 나눠서 관리하거나, 한 곳에서 사용하던 코드를 다른 곳에 사용할 때 편리하게 사용할 수 있는 기능이다. 모듈화라고 부르는 이 기능은 프로그래밍에서 중요한 용어이므로 꼭 기억하자.

아두이노 IDE에서는 탭으로 스케치를 여러 개 표시한다. 탭 화면에 나눠서 표시할 스케치는 비슷한 기능을 하는 함수를 모아놓은 스케치나 정의를 모아놓은 스케치다. 따라서 함수 중간을 잘라서 다른 탭에 놓는 것은 불가능하다. 또한, 탭 화면 사이에 함수와 정의문을 중복으로 작성해도 오류가 발생한다.

또 한 가지 기능은 탭을 사용하면 스케치 여러 개를 한 폴더에서 관리할 수 있다는 것이다. 이 절에서는 탭 기능을 사용해서 스케치를 여러 개 사용해 보자.

그림 7-3 **스케치 여러 개를 다루는 탭 화면**

2.1 탭 화면 설정하기

아두이노 IDE의 탭 화면을 사용해서 스케치를 여러 개 작성하는 방법은 두 가지가 있다. 첫 번째는 이미 작성된 스케치를 탭 화면에 불러와서 사용하는 방법이고, 두 번째는 새로운 스케치를 탭 화면에서 작성하는 방법이다.

이미 가지고 있는 스케치를 탭 화면에 불러오려면 아두이노 IDE의 메뉴바에 있는 '스케치'를 누른 후 '파일 추가…'를 선택한다. 예를 들면 6.6절에서 소개한 I2C-LCD 라이브러리 I2C_LED.ino를 사용할 때는 방금 설명한 것처럼 불러온다.

그림 7-4 탭 화면에 저장된 파일(스케치) 불러오기

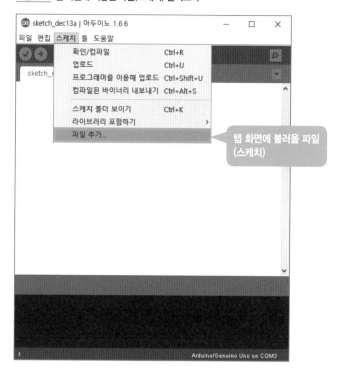

새 스케치를 탭 화면에 작성하려면 아두이노 IDE의 오른쪽 위에 있는 역삼각형 탭 관련 메뉴를 눌러서(그림 7-3 참조) 그림 7-5처럼 서브 메뉴를 표시한 후 '새 탭'을 선택하면 된다.

그림 7-5 **탭 관련 서브 메뉴**

'새 탭'을 선택하면 그림 7-6처럼 새 파일 이름을 입력하는 화면이 표시된다. 여기에 영어나 숫자로 이름을 입력하고 OK 버튼을 눌러 새 이름이 붙은 탭 화면을 표시한다.

그림 7-6 **탭 화면에 넣을 새 파일(스케치) 이름 입력**

2.2 탭 화면 편집하기

스케치 여러 개를 탭 화면에서 편집할 때는 탭 화면을 바꿔가며 편집한다. 파일 이름이 붙은 탭 메뉴를 선택해서 탭 화면을 바꿀 수 있다. 또한, 편집(수정)한 파일은 탭 메뉴의 파일 이름 뒤에 §(섹션) 마크가 붙는다.

2.3 탭 화면을 사용하여 컴파일 및 저장 폴더 선택하기

탭을 사용해 스케치 여러 개를 컴파일할 때는 모든 스케치의 문법이 스케치 한 개일 때와 동일하게 처리된다. 그러므로 중복된 변수나 중복 정의된 함수 등이 있으면 오류가 발생한다.

또한, 탭 화면을 사용해서 작성한 스케치 여러 개는 메인 파일 이름(제일 처음 연 왼쪽 끝에 있는 탭)을 폴더 이름으로 하여 다른 모든 스케치가 저장된다. 다시 말해 폴더 이름은 메인 스케치 이름(확장자 ino)과 같은 이름이고 다른 스케치도 메인 스케치와 같은 폴더에 저장된다.

단, 메뉴바의 파일 〉 열기로 불러올 때는 폴더 이름과 이름이 같은 메인 스케치를 불러와야 한다. 만약 다른 서브 스케치를 불러오면 다음과 같은 오류 메시지가 표시된다.

> '*****.ino'라는 파일은 '*****'라는 이름을 가진 폴더 안에 있어야 합니다. 자동으로 이 폴더를 만든 후 파일을 안에 넣겠습니까?

이때는 취소를 누르고 올바른 메인 스케치(폴더 이름과 이름 같은 스케치)를 불러오자.

3 비휘발성 메모리 EEPROM 사용하기

아두이노 우노 R3에는 비휘발성 메모리 EEPROM이 1KB 준비되어 있다. 비휘발성 메모리 EEPROM을 사용하면 아두이노의 전원을 꺼도 아두이노에 데이터가 남아있으므로 다음에 전원을 켰을 때 이 데이터를 다시 사용할 수 있다. 예를 들어 처음에 전원을 켠 후 잠깐 동안 센서 조정(캘리브레이션)을 한다고 하자. 이럴 때 미리 조정값을 측정하여 EEPROM에 저장해 두면 아두이노를 켰을 때마다 매번 조정하지 않아도 된다. 그 외에도 센서 값이나 조정값을 저장할 수 있다. 사용하기에 따라 편리한 기능이다.

3.1 EEPROM 기능이란

EEPROM 기능은 쓰기와 읽기, 두 함수로 사용한다. 또한, 함수를 사용할 때는 헤더 파일 EEPROM.h를 불러와야 한다. 헤더 파일을 불러오는 선언은 다음과 같다.

```
#include <EEPROM.h>
```

두 함수의 사용 방법은 표 7-3에 정리했다.

표 7-3 EEPROM을 사용하는 함수

함수	주소	쓰는 값	반환 값
void EEPROM.write (int adr, byte val)	adr(아두이노 우노는 0~1023)	val(단위: 바이트, 0~255)	없음
byte EEPROM.read (int adr)	adr(아두이노 우노는 0~1023)	없음	지정한 주소에서 읽는 값

3.2 EEPROM 사용 방법

이제 간단한 예제 스케치를 통해 EEPROM 기능을 배워 보자. 아두이노의 전원을 켤 때나 아두이노의 리셋 버튼을 누를 때 숫자를 증가시키는 스케치를 작성해 본다.

스케치 7-4 EEPROM 기능을 사용하는 스케치 예제

```
#include <EEPROM.h>            // EEPROM.h를 불러오는 선언
void setup() {
  Serial.begin(9600);
  byte val = EEPROM.read(0);   // EEPROM에서 읽기
  Serial.print("Memory value: ");
  Serial.println(val);
  EEPROM.write(0, ++val);      // EEPROM에 쓰기
}
void loop() {}
```

스케치를 컴파일하여 아두이노에 업로드한 후 실행해서 시리얼 모니터에 나타나게 해 보자. 리셋 버튼을 누를 때마다 그림 7-7처럼 숫자가 증가하는 것을 볼 수 있는가? 또한, USB 전원을 끊었다가 다시 연결해 보자. 이때도 숫자가 증가하는 것을 확인할 수 있는가?

그림 7-7 EEPROM 기능을 사용하는 스케치 7-4 실행 결과

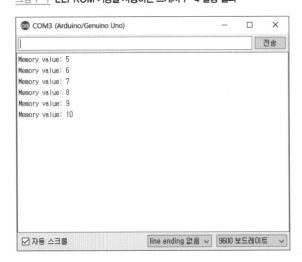

물론 값이 255까지 도달하면 0부터 다시 시작한다. 이는 바이트로 선언한 변수 val의 값의 범위가 0부터 255까지라서 255에 1을 더하면 0이 되기 때문이다.

3.3 EEPROM 사용 시 주의할 점

EEPROM은 사용 횟수에 제한이 있으니 주의해야 한다. 쓰기(삭제) 사이클에 수명이 있는데, 쓰기 사이클은 최대 100,000번(십만 번)이므로 계속 반복해서 사용하지 않도록 주의하자.

쓰기에 걸리는 시간은 최소 3.3밀리초라고 데이터 시트에 나와 있다. 진동을 측정할 때 가속도나 소리 등 빨리 갱신되는 데이터를 보존하는 데는 적당하지 않으므로 주의하자.

4 인터럽트 기능 사용하기

아두이노에는 인터럽트 기능이 있다. 이 기능은 센서 등이 반응했을 때 해야 하는 특별한 처리를 현재 실행되고 있는 처리와 함께 수행할 때 사용한다. 아두이노 우노에는 디지털 입출력 포트 D2와 D3 값이 변할 때 지정한 함수를 불러오게 하는 편리한 기능이 있다. 이 절에서는 간단한 인터럽트 처리를 예제를 통해 배워 본다.

4.1 아두이노의 인터럽트 처리란

아두이노에는 인터럽트 처리를 위해 외부 인터럽트 처리 함수 attachInterrupt가 준비되어 있다. 이 함수의 사용 방법은 표 7-4를 참고하기 바란다. 아두이노 우노는 인터럽트 번호 0(D2 핀) 또는 1(D3 핀)의 값이 변할 때 특정 함수를 불러와 실행할 수 있게 되어 있다.

표 7-4 **인터럽트 처리 함수 사용 방법**

함수	인터럽트 번호	인터럽트에 사용할 함수	인터럽트 함수를 실행하는 조건
void attachInterrupt (byte int, void (*fun) (void), int mode)	int(0 또는 1)	fun(실제로는 포인터) 이 함수는 매개변수와 반환 값이 없어야 한다.	모드 • LOW: 핀 값이 LOW일 때 • CHANGE: 핀 값이 변했을 때 • RISING: 핀 값이 LOW에서 HIGH로 바뀌었을 때 • FALLING: 핀 값이 HIGH에서 LOW로 바뀌었을 때 • HIGH: 핀 값이 HIGH일 때

4.2 인터럽트 처리를 사용하는 스케치 예제

여기서 소개할 스케치는 아두이노의 LED가 깜빡이는 상태에서 인터럽트 번호 0인 D2에 연결한 택트 스위치 값이 변할 때마다 버저를 울리게 한다. 지금까지 몇 번이나 소개했던 Blink.ino 스케치에 몇 줄만 추가하면 된다.

우선 그림 7-8처럼 버저와 택트 스위치를 아두이노에 연결하자.

그림 7-8 **인터럽트 처리를 위한 버저와 택트 스위치 연결**

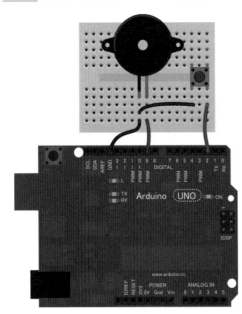

스케치 7-5처럼 setup 함수에 인터럽트 처리를 설정한다. 또한, 여기서 인터럽트에 사용할 buzzer 함수는 매개변수와 반환 값이 없어야 한다.

스케치 7-5 외부 인터럽트 처리 함수를 사용하는 예제 스케치

```
void setup() {
  pinMode(2, INPUT_PULLUP);          // 인터럽트 핀(택트 스위치)
  pinMode(13, OUTPUT);               // 아두이노의 LED
  attachInterrupt(0, buzzer, CHANGE); // 인터럽트 처리 함수
}
void loop() {
  digitalWrite(13, HIGH);
  delay(1000);
  digitalWrite(13, LOW);
  delay(1000);
}
void buzzer() {
  pinMode(9, OUTPUT);
  tone(9, 255, 1000);
}
```

이제 이 스케치를 컴파일해서 실행해 보자. 택트 스위치를 눌렀다 뗐다 할 때 1초 동안 버저가 울리는가?

> **TIP**
>
> 인터럽트 함수를 사용할 때 주의할 점
>
> ❶ 인터럽트 함수 처리는 짧은 시간에 끝나게 한다. 긴 처리를 실행하면 때에 따라 다른 인터럽트 처리(시리얼 통신 등)가 멈춰버려 오류가 발생한다.
> ❷ 전역 변수를 참조 혹은 변경하려면 처음 그 변수를 정의할 때 volatile을 앞에 붙여주어야 한다.

시리얼 통신 기능 사용하기

컴퓨터와 아두이노를 USB 케이블로 연결하면 시리얼 통신으로 데이터를 주고받을 수 있다. 이때 사용하는 시리얼 통신은 UART라고 불리는 단순한 통신 기능으로, 아두이노 쪽 디지털 입력 포트 D0(수신: RX)과 D1(송신: TX)을 사용한다.

지금까지 시리얼 모니터에 센서 값을 표시할 때 아두이노에 TX라고 쓰여 있는 LED가 깜빡였던 것은 아두이노에서 USB 케이블을 사용해서 데이터를 보내고 있었기 때문이다.

이 절에서는 UART 시리얼 통신 기능을 사용하는 예제 몇 가지를 살펴보자.

그림 7-9 아두이노 우노의 시리얼 통신 포트와 LED

5.1 시리얼 통신에 사용하는 함수

우선 시리얼 통신에 사용하는 함수를 표 7-5에 정리했다.

표 7-5 시리얼 통신에 사용하는 함수

함수	설명	매개변수	반환 값
void Serial.begin(int speed)	통신 속도를 설정하고 통신을 시작함	speed: 통신 속도(단위 bps: 비트/초)로 300, 1200~115200	–
void Serial.end()	통신을 끝내고(중단) D0과 D1을 디지털 입출력 포트로 사용할 수 있음	–	–
int Serial.available()	시리얼 포트로 도착한 버퍼 바이트 수를 반환	–	시리얼 버퍼에 있는 데이터 바이트 수
int Serial.read()	수신 데이터 읽기(포인터가 변함)	–	읽을 수 있는 데이터의 첫 1바이트. –1은 데이터가 없을 때

함수	설명	매개변수	반환 값
int Serial.peek()	수식 데이터 읽기(포인터는 그대로)	–	읽을 수 있는 데이터의 첫 1바이트. –1은 데이터가 없을 때
void Serial.flush()	수신 버퍼를 지움. 데이터 송신이 끝난 후 버퍼를 지움	–	–
byte Serial.print(data, format)	아스키(ASCII) 텍스트 데이터로 바꿔서 시리얼 포트로 출력	data: 출력할 데이터(숫자나 문자열) format: 출력할 포맷 (BIN: 2진수, OCT: 8진수, DEC: 10진수, HEX: 16진수) 숫자는 소수점 이하 유효 자릿수	송신하고 싶은 바이트 수
byte Serial. println(data, format)	Serial.print 출력 문자 뒤에 캐리지 리턴 \r이나 줄 바꿈 문자 \n를 붙여서 송신	–	–
byte Serial.write(val)	시리얼 포트에 바이너리 데이터를 출력	–	–

이 함수를 사용하면 아두이노는 컴퓨터 같은 외부 통신 기기와 통신을 할 수 있다. 이어서 이 함수를 사용한 예제 스케치도 살펴볼 것이다.

단, 여기서 소개한 함수는 하드웨어 시리얼 통신으로 그림 7–9에서 설명한 TX(=D1)과 RX(=D0) 핀을 사용한다.

이것과 별개로 아두이노에는 디지털 입출력 포트를 정하지 않고 통신할 수 있는 소프트웨어 시리얼 통신 기능도 있다. 이는 헤더 파일 SoftwareSerial.h를 불러와서 사용한다. 소프트웨어 시리얼 통신에도 표 7–5에서 소개한 것과 같은 함수가 준비되어 있다. 여기서는 표 7–6에 정리했듯이 어느 핀으로 송신과 수신을 할지 정하는 함수만 소개한다. 다른 함수는 인터넷에 있는 아두이노 레퍼런스 등을 참조하자.

표 7–6 소프트웨어 시리얼 통신에서 사용하는 함수

함수	설명	매개변수	반환 값
void SoftwareSerial(int rxPin, int txPin)	통신 포트(송신과 수신)을 설정	rxPin: 데이터 송신을 하는 핀 txPin: 데이터 수신을 하는 핀	–

5.2 아두이노 두 개로 시리얼 통신 해 보기

여기서는 아두이노 두 개로 UART 통신을 해 보자. 우선 두 아두이노를 구분하기 위해 각 아두이노를 No1, No2라고 하자. 둘 중 No1 쪽에 온도 센서를 달아 값을 읽은 후 No2로 보낼 것이다. No2에서는 온도 센서 값을 받아 시리얼 모니터에 표시한다. 단, No2에서 시리얼 통신으로 수신할 때는 하드웨어 시리얼 통신이 아닌 소프트웨어 시리얼 통신을 사용한다.

그러면 아두이노 두 개를 그림 7-10처럼 연결해 보자. 여기서는 왼쪽을 아두이노 No1이라 하고, 오른쪽 아두이노를 No2라 한다. 또한, No1에는 6.1절에 소개한 온도 센서 LM61BIZ의 핀을 아날로그 입력 포트 A0, A1, A2에 꽂아 연결한다. 그다음 아두이노 No1의 D1 핀과 No2의 D2 핀을 점퍼 와이어로 연결하자.

이때 두 아두이노는 모두 케이블로 컴퓨터에 연결되어 있어야 하고, No1에 스케치를 업로드한 후 No2에 스케치를 업로드한다. 그리고 No2의 시리얼 모니터를 확인해 보면 된다.

그림 7-10 **아두이노 두 개로 아날로그 통신하기**

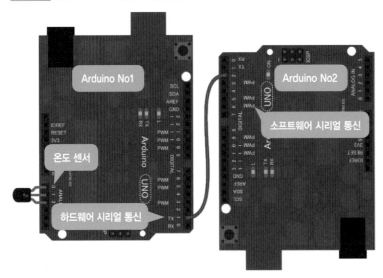

5.3 아두이노 두 개를 사용하는 스케치

아두이노 두 개를 사용하는 스케치를 작성해 보자. 먼저 온도 센서가 달린 아두이노 No1 쪽 스케치를 작성해 보자.

```
void setup() {
  Serial.begin(9600);    // Arduino No2와의 통신 속도 설정
  pinMode(A0, OUTPUT);   // A0에 온도 센서 GND 핀 설정
  digitalWrite(A0, LOW);
  pinMode(A2, OUTPUT);   // A2에 온도 센서 5V 핀 설정
  digitalWrite(A2, HIGH);
}
void loop() {
  float cel = ((float)analogRead(A1) / 1023.0) * 487.0 - 60.0;
    // A1에서 온도 센서 값 얻음
  char sc[25];
    sprintf(sc, "Arduino No1 : %d.%d C", (int)cel, (int)(cel * 10) % 10);
  Serial.println(sc);    // 온도 센서를 포함한 문자열을 시리얼 통신으로 송신
  delay(500);
}
```

다음으로 아두이노 No2 쪽 스케치를 작성해 본다.

스케치 7-7 아두이노 No2 쪽 스케치(No1에서 데이터를 수신해 시리얼 모니터에 표시)

```
#include <SoftwareSerial.h>           // 소프트웨어 시리얼 통신 라이브러리 설정
SoftwareSerial No2Arduino(2, 3);      // 수신 RX: D2, 송신 TX: D3 설정

void setup() {
  No2Arduino.begin(9600);             // 아두이노 No1과의 통신 속도 설정
  Serial.begin(9600);                 // 시리얼 모니터에 표시할 통신 속도 설정
  Serial.println("Arduino No2 print"); // 아두이노 No2에서 온 송신 표기 문자
}
void loop() {
  if (No2Arduino.available())
    Serial.write(No2Arduino.read());  // 아두이노 No2에서 수신한 문자를 시리얼
                                      //    모니터에 표시
}
```

여기서는 두 번째 줄에 SoftwareSerial No2Arduino(2, 3);를 작성해서 수신 포트를 D2 핀으로 선언하고, 송신 포트를 D3로 선언한다(여기서는 송신 포트는 사용하지 않는다).

이제 이 스케치를 실행해 보자. 시리얼 모니터에는 아두이노 No2 쪽 시리얼 포트 번호를 표시해 보자. 그림 7-11처럼 먼저 Arduino No2 print가 표시되는가?

그림 7-11 아두이노 No2로 수신 데이터를 시리얼 모니터에 표시

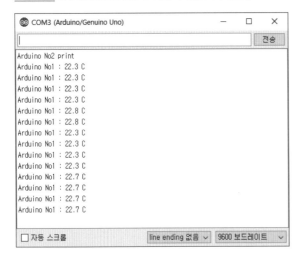

5.4 컴퓨터 키보드로 아두이노에 데이터 보내기

다음은 컴퓨터 키보드를 사용해서 아두이노에 데이터를 보내는 방법을 배워 보자. 여기서는 간단히 USB 케이블을 연결하거나 리셋 버튼을 눌러서 아두이노의 LED가 깜빡이는 시간을 바꾸는 스케치를 소개한다. 컴퓨터와 아두이노를 USB 케이블로 연결하면 예제 스케치의 결과를 확인할 수 있다.

스케치를 소개하기 전에 스케치 7-8에 나와 있는 예제 스케치를 실행한 후 시리얼 모니터에 출력된 결과를 살펴보자.

그림 7-12 **시리얼 모니터에서 키보드 입력 예제 실행**

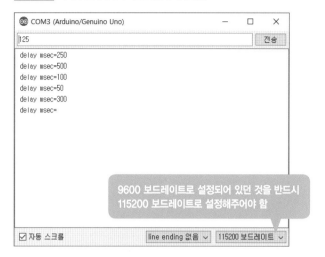

실행하면 시리얼 모니터에 delay msec=이 표시된다. 사용자는 키보드에서 깜빡임 대기 시간 간격(밀리초)을 숫자로 입력하고 [Enter] 키를 누른다. 그러면 입력된 간격(밀리초)으로 아두이노의 L LED가 깜빡인다. 반복해서 실행하려면 아두이노 기판에 있는 리셋 버튼을 누르자.

이제 이 동작을 하는 스케치를 작성해 본다. 기본이 되는 스케치는 지금까지 사용했던 Blink.ino다. 여기서는 키보드로 입력한 숫자(밀리초)를 깜빡임 대기 시간으로 사용한다. 입력 설정 함수 readKeyboard를 설명하지는 않지만, 키보드에서 입력한 문자열을 얻을 때 편리한 함수이므로 한번 사용해 보자.

스케치 7-8 **키보드 입력으로 아두이노의 LED 깜빡임 대기 시간 설정**

```
int dn;    // LED 깜빡임 대기 시간

void setup() {
  Serial.begin(115200);
  Serial.print(" delay msec=");
  dn = readKeyboard().toInt();   // 키보드 입력 값(정수) 설정
  Serial.println(dn);
  pinMode(13, OUTPUT);
}
```

```
void loop() {
  digitalWrite(13, HIGH);
  delay(dn);      // 키보드로 입력한 대기 시간
  digitalWrite(13, LOW);
  delay(dn);      // 키보드로 입력한 대기 시간
}
// 키보드 입력을 설정하는 함수
String readKeyboard() {
  char str[100];
  char ch;
  int i = 0;
  boolean sw = true;
  unsigned long tms;
  while (sw) {
    ch = Serial.read();
    if (ch >= 0 && ch <= 127)
    {
      tms = millis();
      str[i] = ch;
      i++;
    }
    else if ((millis() - tms > 300) && (i > 0))
    {
      str[i] = 0;
      sw = false;
    }
  }
  return String(str);
}
```

디지털 입출력 포트 D0, D1을 센서 등 다른 목적으로 사용하면 컴퓨터와 연결할 수 없게 된다. 특히 IDE에서 아두이노에 스케치를 업로드할 때는 오류가 발생하므로 주의하자. 이때는 일단 D0와 D1 포트에 연결한 것을 제거하고 스케치를 업로드하면 된다.

6 알아두면 좋은 아두이노 정보

아두이노에 관한 정보는 인터넷에 정말 많다. 이를 잘 활용하자.

6.1 아두이노 레퍼런스

일본어로 번역된 아두이노 레퍼런스가 웹사이트에 공개되어 있다. 어떻게 해야 할지 막혔을
때 참고가 되므로 참고해 보자. 그림 7-13과 그림 7-14는 유명한 웹사이트이다. 브라우저
의 즐겨찾기에 등록해 두자.*

그림 7-13 garretlab(http://garretlab.web.fc2.com/)

---

* 편집주 여기서 소개하는 두 사이트는 크롬 브라우저로 접속하면 번역하여 볼 수 있다. 도움이 되는 사이트는 부록 D에도 정리
해놓았으니 참고하기 바란다.

그림 7-14 아두이노 일본어 레퍼런스(http://www.musashinodenpa.com/arduino/ref/)

6.2 문제 해결 방법

프로그래밍 초보자나 아두이노를 처음 사용하는 사람들에게는 항상 문제가 발생한다. 그런 문제들은 아무래도 인터넷에서 정보를 찾아 해결하는 것이 가장 빠른 해결책이다. '아두이노 문제 해결'로 검색하면 여러 가지가 검색되는데, 그 중 어느 것이 맞는 것인지 헷갈릴 때도 있다. 좀 더 구체적인 내용으로 검색하면 좀 더 해결책에 가까워지므로 이것저것 시도해 보자.

6.3 새로운 센서나 전자 부품 사용하기

요즘에는 여러가지 센서나 전자 부품이 나와 있다. 이 전자 부품을 아두이노에 연결해서 사용할 수 있지 않을까 많은 사람이 생각한다. 인터넷에서 힌트를 찾을 수 있을지도 모른다. 이 때는 사용하고 싶은 제품 모델 번호나 제품 번호 또는 상품 번호 등으로 검색해 보자. 검색해 보면 아두이노와 연결하는 방법이나 예제 스케치가 올라와 있을 때도 있다. 예제 스케치는 복사, 붙여넣기만으로도 간단히 아두이노 IDE 편집기 화면에 붙여넣어 사용할 수 있다.

단, 이렇게 인터넷에서 얻는 정보는 항상 맞는 정보만 있는 것이 아니므로 주의해서 사용하도록 하자.

될 수 있는 한 낭비하는 시간을 줄여 전자 부품을 능숙하게 사용하려면 간단하고 짧은 스케치를 사용하는 것이 좋다. 긴 스케치는 이해하기도 어렵고 동작할 때까지 시간도 좀 더 걸릴지 모르니까 말이다.

6.4 새로운 전자 부품 구매하기

인터넷에서 재미있어 보이는 전자 부품을 찾아서 구매하는 것도 즐거운 일이다. 국내 사이트뿐만 아니라 해외 사이트에서 찾아 구매해 보면 어떨까? 싼 가격에 고급 전자 부품을 살 수 있을지도 모른다. 불량품이 올 확률이 많이 낮아졌고 많은 제품을 파는 사이트는 그동안 거래 실적을 보고 안심하고 사용할 수 있으리라. 구매할 때는 제품 가격뿐만 아니라 배송비도 확인해야 한다.

단, 일부 통신 기능을 가진 전자 부품은 법적 규제가 있어서 사용할 수 없는 것도 있으니 주의하자.

아두이노 없이
아두이노를 다뤄 보자

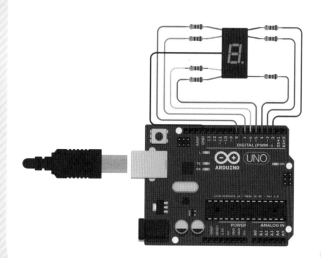

Autodesk 123D Circuits으로 7 세그먼트 디스플레이를 제어하는 예

아두이노가 없어도 이 책에 나온 예제들을 실습해 볼 수 있다. 8장에서는 회로 디자인 및 시뮬레이션 서비스를 제공하는 Autodesk 123D Circuits을 사용해서 아두이노 실습 예제를 다뤄 본다. 아두이노와 많은 부품을 한 번에 구매하기에 재정적으로 부담된다면 간단한 예제는 123D Circuits으로 실습해 봐도 좋을 것이다.

먼저 123D Circuits의 메뉴를 살펴보고, 이 책에 나온 Blink 예제를 통해 간단한 조작법을 배운다. 그리고 이 책에서는 다루지 않았던 7 세그먼트 디스플레이 제어 예제도 실습해 본다.

1 Autodesk 123D Circuits

123D Circuits는 오토데스크(Autodesk)에서 제공하는 회로 디자인 및 시뮬레이션 서비스이다. 모든 기능을 무료로 제공하는 것은 아니지만, 처음 시작하는 사람에게 필요한 기능은 대부분 무료로 제공한다. 123D Circuits는 아두이노와 이 책의 본문에서 소개했던 부품 중 일부뿐만 아니라 특정 기능을 수행하는 IC칩을 사용하여 회로를 구성하고 시뮬레이션해볼 수 있다. 특히 아두이노를 실제처럼 코드를 입력하고 컴파일하여 시뮬레이션해 볼 수 있다.

물론 실제로 아두이노를 구매하여 손으로 직접 만져 보며 작동해 보는 것이 몇 배는 더 재미있지만, 많은 부품을 한 번에 구매하기에 재정적으로 부담된다면 간단한 예제는 123D Circuits로 시뮬레이션해 보면 좋을 것이다.

직접 회로를 구성하여 시뮬레이션하는 기능 외에도 구성한 회로를 부품 기호를 사용한 회로도로 표현하거나 회로 기판을 디자인하여 제작 업체에 맡길 수 있는 파일을 제작할 수도 있으니 관심 있는 독자들은 재미 삼아 해 보길 바란다.

그림 8-1 123D Circuits 사이트(123d.circuits.io) 메인 화면

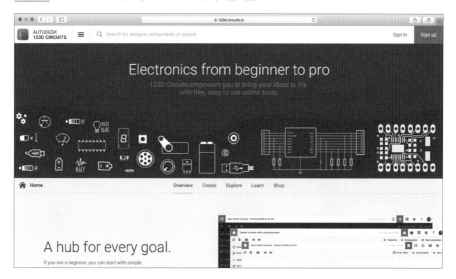

1.1 회원 가입하기

123D Circuits를 사용하려면 회원 가입을 해야 한다. 회원 가입은 매우 간단하다. 먼저 Autodesk 123D Circuits(123d.circuits.io)에 접속한다. 오른쪽 위에 있는 Sign up을 누르면 그림 8-2와 같은 창이 나타난다. 여기서 정보를 입력하고 다음 버튼을 누른다.

그림 8-2 **회원 정보 입력 창 1**

다음 버튼을 누르면 그림 8–3과 같은 창으로 바뀐다. 여기서 만 13세 미만이면 부모님의 동의가 필요하므로 부모님의 메일 주소를 적는 곳이 나타난다.

그림 8–3과 같은 창에서 아이디로 사용할 이메일 주소와 비밀번호를 입력하면 바로 사용할 수 있다. 비밀번호를 한 번 더 확인하지 않으므로 틀리지 않게 입력하기 바란다.

<u>그림 8–3</u> **회원 정보 입력 창 2**

1.2 메뉴 살펴보기

회원 가입을 완료한 후 로그인하면 그림 8–4와 같은 화면을 볼 수 있다. 그림 8–4에서 각 메뉴를 간단히 설명해놓았다.

그림 8-4 **로그인 후의 화면**

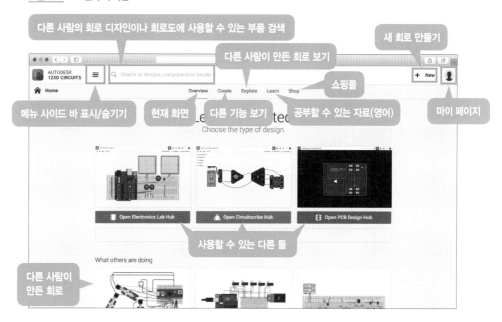

안타깝게도 이 서비스는 영문으로만 제공된다. 하지만 서비스 자체가 직관적으로 제작되어 있어 사용하는 데 큰 불편은 없으리라 생각한다.

이제 회로 만들기 도구로 들어가 보자. 오른쪽 위에 있는 New 버튼을 누르면 그림 8-5와 같은 메뉴가 나타난다. 여기서 첫 번째 버튼인 New Electronics Lab 버튼을 눌러 다음으로 넘어가보자.

그림 8-5 New 메뉴

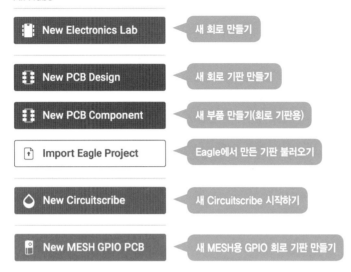

New Electronics Lab 버튼을 누르면 그림 8-6과 같은 화면을 볼 수 있다. 브레드보드가 중앙에 표시되고, 각 메뉴가 주변에 배치되어 있다. 여기서 오른쪽 위에 있는 Components 버튼을 누르면 부품을 추가하여 우리가 원하는 회로를 만들 수 있다.

그림 8-6 회로 구성 도구 화면과 각 메뉴 설명

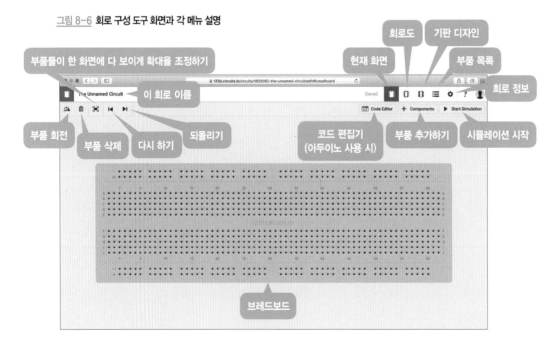

그럼 지금부터 Blink 예제로 간단한 조작법을 살펴본 후 7 세그먼트 디스플레이 제어 예제를 실습해 보자.

2 Blink 예제로 123D Circuits 실습해 보기

2.2절에서 실행했던 Blink 예제를 123D Circuits로 실행해 보자.

2.1 아두이노 배치하고 코드 업로드하여 실행하기

Components 버튼을 눌러 부품 목록을 표시한다. 이 목록에서 필요한 부품을 선택해 추가할 수 있다.

Blink 예제에서 필요한 것은 아두이노밖에 없으므로 목록에서 Arduino Uno R3를 찾아 클릭한다. Arduino Uno R3를 클릭한 상태로 브레드보드 쪽으로 드래그하면 아두이노가 커서를 따라오는데, 아무 데나 클릭하여 아두이노를 배치한다. 이런 식으로 다른 부품도 배치할 수 있다. 그런데 Blink 예제에서는 다른 부품이 필요 없으므로 빈 곳을 클릭하거나 Components 버튼을 다시 눌러 목록을 닫는다.

그림 8-7 **아두이노 배치**

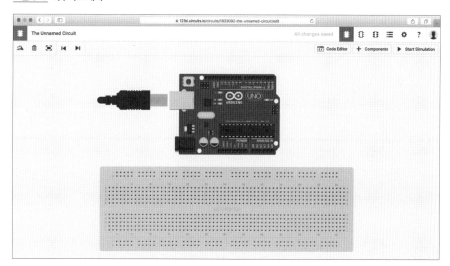

아두이노를 추가하고 나면 코드 편집기를 통해 아두이노에 프로그래밍할 수 있다. 오른쪽 위에 있는 Code Editor를 눌러서 코드 편집기를 띄운다. Blink 예제 코드가 기본으로 작성되어 있는 것을 볼 수 있다. 코드 편집기 위쪽에 있는 Upload & Run 버튼을 눌러 코드를 업로드하고 실행해 볼 수 있다. 한번 눌러 보자.

그림 8-8 **코드를 업로드하고 실행한 화면**

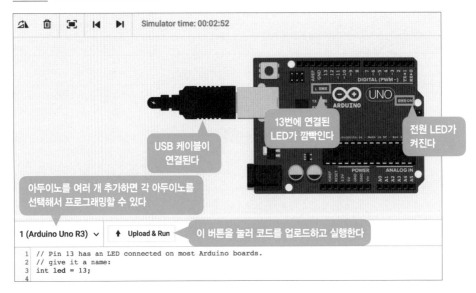

Upload & Run 버튼을 누르면 그림 8-8처럼 아두이노에 USB 케이블이 연결되고, 아두이노의 전원 LED가 켜진 후 Blink 코드에서 프로그래밍한 대로 13번 핀에 연결된 L LED가 1초 간격으로 깜빡인다. 이 예제에서는 별 필요는 없지만, 아두이노에 달린 Reset 버튼도 동작하므로 혼자서 다른 것을 해 볼 때 사용해 보자. 또한, 아두이노를 여러 개 추가해서 동작해 볼 때는 코드 편집기 위쪽에 있는 1(Arduino Uno R3) 버튼을 눌러 각 아두이노를 프로그래밍할 수 있다.

2.2 다른 부품 배치하고 시뮬레이션해 보기

이번에는 다른 부품을 간단히 추가하고 점퍼 와이어로 연결해 보자. 화면 오른쪽 위에 있는 Stop Simulation 버튼을 눌러 시뮬레이션을 중지하고 Code Editor 버튼을 눌러 코드 편집기를 닫는다. Components 버튼을 눌러 목록이 나타나면 LED를 찾아 클릭한 상태로 브레드보드에 드래그해서 브레드보드 중간쯤에 LED를 꽂는다.

LED의 다리를 자세히 보면 구부러진 다리와 그렇지 않은 다리가 있는데, 구부러진 쪽이 양극이고 그렇지 않은 쪽이 음극이다. 브레드보드에 연결된 LED의 다리 부분에 마우스 커서를 올리면 구부러진 쪽은 애노드(Anode, 양극)라고 표시되고, 그렇지 않은 쪽은 캐소드(Cathode, 음극)라고 표시된다.

그림 8-9 LED의 극성

참고로 부품을 클릭하면 그림 8-10처럼 오른쪽 위에 부품 속성을 바꿀 수 있는 창이 뜬다. 기본적으로 모든 부품은 이름을 바꿀 수 있고, 부품에 따라 바꿀 수 있는 것이 다르다. LED는 색을 바꿀 수 있으므로 원하는 색으로 바꿔 보자.

그림 8-10 LED의 속성

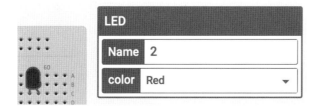

저항을 추가하는 것도 잊지 말자. 보통 LED는 작은 전압이 작은 전류가 흘러도 충분하므로 5V 신호가 나오는 포트에 저항 없이 연결하면 LED가 고장 난다. Components 버튼을 클릭한 후 Resistor를 찾아 그림 8-11처럼 브레드보드에 꽂는다. 저항을 클릭하면 저항 크기를 바꿀 수 있다.

마지막으로 점퍼 와이어를 연결할 차례다. 양극에 아두이노의 13번 포트가 연결되게 하고, 음극에서 저항을 통과해 나온 지점이 GND 포트에 연결되도록 점퍼 와이어를 연결한다.

그냥 한 번에 연결해도 좋지만, 좀 더 보기 좋게 연결하려면 핀이 아닌 곳을 클릭하여 클릭한 지점에서 점퍼 와이어가 꺾이게 할 수도 있다. 한 번에 연결했더라도 점퍼 와이어의 중간 지점을 더블 클릭하면 그 지점에 와이어를 휘게 하는 고정 점이 추가된다. 몇 번 클릭하면서 실습해 보면 알 수 있을 것이다.

그림 8-11 LED를 아두이노에 연결한 모습

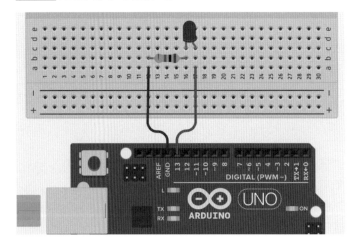

이제 이 상태에서 Start Simulation 버튼을 눌러 시뮬레이션을 실행해 보자. 아두이노에 달린 L LED와 동시에 우리가 새로 추가한 LED가 깜빡이는 것을 볼 수 있다. LED에 흐르는 전류에 따라 밝기도 바뀌므로 저항의 크기를 바꿔가며 시험해 보자.

이제 123D Circuits를 어떻게 사용하는지 어느 정도 감이 잡혔으리라. 위험하지도 않고 고장 나지도 않으니 혼자서 이것저것 해보면 좋을 것이다. 처음 공부하며 사용하게 될 부품들의 영어 표기를 표 8-1에 정리하였다.

표 8-1 자주 사용하는 부품의 영어 표기

영어	우리말	영어	우리말
Breadboard	브레드보드	Temperature Sensor	온도 센서
Resistor	저항	Tilt Sensor	기울기 센서
Power Supply	전원 공급기	Photoresistor	광저항(광센서)
Battery	배터리	Buzzer	버저
Capacitor	축전기, 축전지	Oscilloscope	오실로스코프

이번에는 7 세그먼트 디스플레이(7-seg) 제어에 도전해 보자.

3.1 7 세그먼트 디스플레이란

주변에서 꽤 자주 볼 수 있는 디지털 시계가 주로 7 세그먼트 디스플레이를 사용한다. 이 디스플레이는 단순히 LED 7개가 각 위치에 배치된 형태다. 그림 8-12를 보며 이해해 보자.

그림 8-12 **7 세그먼트 디스플레이의 핀 배치와 회로도**

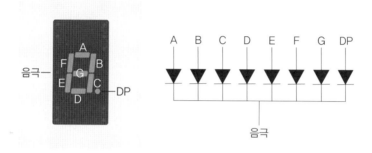

우리가 이번에 사용할 7 세그먼트 디스플레이는 공통 음극(Common cathode) 방식이라 디스플레이 한 개에 연결된 모든 LED의 음극이 하나로 연결된 형태다. 그림 8-12의 오른쪽 회로도를 보면 각 LED의 음극이 하나로 연결된 것을 볼 수 있다. 그림 8-12의 왼쪽 디스플레이를 보면 음극이 2개 있는데, 편의상 한 개의 음극을 양쪽으로 나눠 놓은 것에 불과하다. 숫자 부분 외에 오른쪽 아래에 있는 점을 껐다 켤 수 있는 DP 포트가 따로 준비되어 있다.

구조는 간단하니 숫자를 나타내려면 어떻게 해야 할지 생각해 보자. 0을 표시하려면 G만 끄고 A, B, C, D, E, F를 켜야 한다. 1은 B와 C만 켜고 나머지는 다 꺼야 한다. 이러한 방식으로 숫자를 표현할 때 켜야 할 LED를 정리해 보면 표 8-2와 같다. 이 표를 진리표라고 하고 여러 IC 칩의 설명서인 데이터 시트에서 주로 볼 수 있다.

표 8-2 **7 세그먼트 디스플레이의 진리표(H=HIGH, L=LOW)**

숫자	A	B	C	D	E	F	G
0	H	H	H	H	H	H	L
1	L	H	H	L	L	L	L
2	H	H	L	H	H	L	H
3	H	H	H	H	L	L	H
4	L	H	H	L	L	H	H
5	H	L	H	H	L	H	H
6	L	L	H	H	H	H	H
7	H	H	H	L	L	H	L
8	H	H	H	H	H	H	H
9	H	H	H	L	L	H	H

3.2 7 세그먼트 디스플레이 연결하기

자, 이제 어떻게 신호를 줘야 할지 알았으니 회로를 만들고 코드를 작성해 보자. 음극이 공통이니 그림 8-12의 두 음극 중 하나만 GND에 연결하고 나머지는 디지털 포트 아무 데나 연결해준다. 연결한 포트는 프로그램에서 제대로 바꿔주면 정상적으로 동작하지만, 예제에서는 A부터 G까지 순서대로 디지털 포트 2부터 8까지 연결한다. LED마다 저항을 연결하는 것을 잊지 말자. 여기서는 전부 150Ω을 사용하였다. 그림 8-13을 먼저 보지 말고 스스로 해 볼 것을 권한다.

그림 8-13 전부 구성한 회로

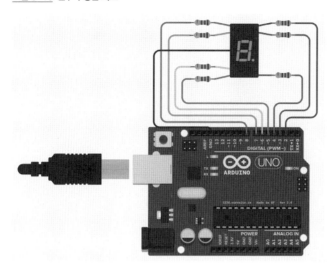

3.3 7 세그먼트 디스플레이 제어 코드 작성하기

이제 오른쪽 위에 있는 Code Editor 버튼을 눌러 코드 편집기를 열고 코드를 작성해 보자. 마찬가지로 스케치 8-1을 보지 말고 스스로 먼저 작성해 보자.

스케치 8-1 **7 세그먼트 디스플레이 제어 코드**

```
// 핀 할당
int A = 2;
int B = 3;
int C = 4;
int D = 5;
int E = 6;
int F = 8;
int G = 7;
int led[7] = {A, B, C, D, E, F, G};

// 진리표
int digit[10][7] = {{1, 1, 1, 1, 1, 1, 0},  // 0
                    {0, 1, 1, 0, 0, 0, 0},  // 1
                    {1, 1, 0, 1, 1, 0, 1},  // 2
```

```
                    {1, 1, 1, 1, 0, 0, 1},  // 3
                    {0, 1, 1, 0, 0, 1, 1},  // 4
                    {1, 0, 1, 1, 0, 1, 1},  // 5
                    {0, 0, 1, 1, 1, 1, 1},  // 6
                    {1, 1, 1, 0, 0, 1, 0},  // 7
                    {1, 1, 1, 1, 1, 1, 1},  // 8
                    {1, 1, 1, 0, 0, 1, 1}}; // 9

void setup()
{
  // 각 포트를 출력 모드로 설정한다.
  pinMode(A, OUTPUT);
  pinMode(B, OUTPUT);
  pinMode(C, OUTPUT);
  pinMode(D, OUTPUT);
  pinMode(E, OUTPUT);
  pinMode(F, OUTPUT);
  pinMode(G, OUTPUT);
}


void loop()
{
  for (int i=0; i<10; i++) {            // 0부터 9까지 숫자를 표시한다
    for (int j=0; j<7; j++) {           // LED 7개를 조작
      digitalWrite(led[j], digit[i][j]);  // 진리표에 맞게 LED를 켜고 끈다
    }
    delay(1000);                        // 1초간 대기
  }
}
```

전부 작성했으면 Start Simulation 버튼을 눌러서 실행해 보자. 전부 제대로 연결했으면 0부터 시작해서 9까지 간 후 다시 0으로 돌아가는 것이 계속 반복된다. DP까지 사용하면 아두이노 포트를 총 8개 사용하게 된다. 다른 모듈까지 달아서 쓰려면 포트가 모자랄 수도 있다. 이때 필요한 것이 IC 칩이다.

IC 칩에는 미리 설계된 기능을 수행하도록 기계적으로 회로가 만들어져 있고, 사용자는 필요한 기능을 가진 칩을 구매하여 데이터 시트에서 설명하는 대로 사용하기만 하면 된다. 이에 대한 자세한 설명은 이 책의 범위를 넘어가므로 7 세그먼트 디스플레이용 IC 칩의 사용 예제와 소스 코드만 실어 둔다.

3.4 IC 칩을 사용한 7 세그먼트 디스플레이

IC 칩을 사용한 7 세그먼트 디스플레이 제어 예제를 살펴보자. 이 예제는 https://123d.circuits.io/circuits/1833092에서 확인할 수 있으니 참고하기 바란다.

그림 8-14 CD4511 IC 칩을 사용한 7 세그먼트 디스플레이

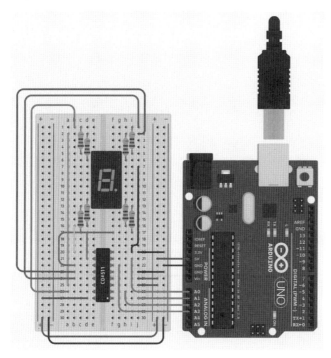

CDS4511 칩은 신호선 4개를 사용해 2진수 신호를 만들고, 이 2진수 신호에 따라 0부터 9까지의 숫자를 만들도록 신호를 출력하는 역할을 한다. 이 칩을 사용해서 배선이 더 복잡해 보이지만, DP까지 사용한다고 했을 때 아두이노에서 사용하는 포트는 5개로 줄어들게 된다. 이 회로에 사용하는 코드는 스케치 8-2와 같다. 진리표 없이도 간단하게 프로그래밍할 수 있고, 코드 자체도 훨씬 알기 쉽게 바뀐 것을 볼 수 있다.

스케치 8-2 **CDS4511 칩을 사용한 아두이노 코드**

```
void setup() {
  // A0~A3까지 아날로그 포트를 출력으로 설정
  pinMode(A0, OUTPUT);
  pinMode(A1, OUTPUT);
  pinMode(A2, OUTPUT);
  pinMode(A3, OUTPUT);
}

void loop() {
  for (int i=0; i<10; i++) {
    // 비트 연산자를 이용해 숫자를 2진수로 표현 후
    // 각 2진수 자릿수에 각 아날로그 포트를 할당
    digitalWrite(A0, i&0x1);
    digitalWrite(A1, i&0x2);
    digitalWrite(A2, i&0x4);
    digitalWrite(A3, i&0x8);
    delay(1000);
  }
}
```

부록

이 책에서 사용한 전자 부품은 다음과 같다. 이 전자 부품들은 스위치 사이언스에서 초급 키트와 기본 키트, 확장 키트로 구성하여 판매하는데, 현재는 초급 키트와 기본 키트만 판매하고 확장 키트는 판매하지 않는다.

■ 스위치 사이언스 판매 키트

① 모두의 아두이노 초급 키트(https://www.switch-science.com/catalog/1900/)

구성: 점퍼 와이어 2개, 저항 1kΩ 2개, LED, 압전 스피커, 택트 스위치, 슬라이드 스위치, 온도 센서, 광센서, 기울기 센서, 볼륨

② 모두의 아두이노 기본 키트(https://www.switch-science.com/catalog/1608/)

구성: 아두이노 우노 R3, USB 케이블(A-B 타입 커넥터), 소형 브레드보드, 점퍼 와이어 10개, 저항 100Ω 2개, 10kΩ 2개, LED, 압전 스피커, 소형 DC 팬, 택트 스위치, 기울기 센서, 볼륨

③ 모두의 아두이노 확장 키트(https://www.switch-science.com/catalog/1609/) **※현재는 판매하지 않음**

구성: 저항 1kΩ 2개, 온도 센서, 광센서, 적외선 거리 센서, 초음파 거리 센서, 3축 가속도 센서, LCD, 핀 헤더

그런데 국내에서는 스위치 사이언스를 통해 전자 부품을 구입하기 어려우므로 국내에서 구입할 수 있는 사이트를 소개한다. 스위치 사이언스에서 직접 구매할 수 있다면 직접 구매해서 실습해도 된다.

앞 장에서 사용한 부품과 동일한 부품은 설명을 생략한다. 또한, 별도로 표기하지 않은 것은 엘레파츠나 오픈 마켓 사이트에서 이름으로 검색하여 비슷한 모양을 사면 되는 것이다. 구입할 때 각 장의 사진을 참고하기 바란다. 각 사이트의 주소는 부록 D를 참고하면 된다.

- **공통 부품(필수 및 중요 부품)**

① 아두이노 우노 R3

② USB 케이블(A-B 타입 커넥터)

③ 작은 브레드보드

④ 부드러운 점퍼 와이어

- **4장**

① 가변저항(10kΩ 정도)

② 택트 스위치

③ 기울기 센서(RBS040200)

엘레파츠에서 제품 번호로 검색하여 구입할 수 있다. 배송이 다소 오래 걸린다.

- **5장**

① LED

② 저항(100Ω)

③ 압전 스피커

엘레파츠에서는 '버저'로 검색하여 구입할 수 있다. 오픈 마켓 사이트나 다른 사이트에서도 '압전 스피커', '압전 버저', '부저', '버저'로 검색하여 구입할 수 있다.

④ 소형 DC 팬(NidecD02X-05TS1)

NidecD02X-05TS1는 국내에서 구입하기 어렵다. 오픈 마켓 사이트 등에서 'DC 팬'으로 검색하여 구입할 수 있는데, 5V이고 2핀인 것을 구입해야 한다(12V인 것도 있고, 3핀인 것도 있다). 혹시 잘못 구입할 수도 있으니 꼭 확인하고 구입하기 바란다.

⑤ 가변저항(10kΩ 정도)

- ■ **6장**

① 온도 센서(LM61BIZ)

엘레파츠에서 제품 번호로 검색하여 구입할 수 있다.

② 광센서(CdS 셀)

엘레파츠나 오픈 마켓 사이트에서 'CdS 셀'로 검색하여 구입할 수 있다.

③ 저항(1kΩ)

④ 가속도 센서(KXR94-2050)

엘레파츠에서 제품 번호로 검색하면 제품이 나오지만, 엘레파츠에서 파는 제품들은 브래드보드에 꽂을 수 있는 모듈이 장착되어 있지 않은 제품이라 사용하기 어렵다. 그린전자마트(http://gemart.co.kr/)에서 제품 번호 S-0024로 검색하여 구입할 수 있다. 배송은 다소 걸린다.

⑤ 초음파 거리 센서(HC-SR04 또는 SEN136B5B)

HC-SR04는 엘레파츠에서 제품 번호로 검색하여 구입할 수 있다. SEN136B5B는 디지키에서 제품 번호로 검색하여 구입할 수 있다.

⑥ 적외선 거리 센서(GP2Y0A21YK) **※제품에 따라 납땜이 필요할 수 있음**

엘레파츠에서 제품 번호로 검색하여 구입할 수 있다.

⑦ 액정 디스플레이 I2C-LCD(K-06795, SSCI-014076, SSCI-014052) **※제품에 따라 납땜이 필요할 수 있음**

앞서 설명했듯이 이 제품은 국내에서 구입하기 어렵고, 대체품은 http://goo.gl/8w7ZWT와 http://goo.gl/cMhvbJ에서 구입할 수 있다.

⑧ 압전 스피커

- ■ **7장**

① 압전 스피커

② 택트 스위치

③ 온도 센서(LM61BIZ)

- **기타**

❶ 전기 인두기, 실납, 솔더링 페이스트, 인두기 스탠드, 납 흡입기

엘레파츠 또는 각종 판매 사이트에서 모두 판매한다. 세트로 구성된 것을 사면 편하다.

B 이 책에서 사용한 전자 부품용 스케치 정리

이 책에서 다룬 전자 부품을 사용할 때 필요한 입출력 포트 및 변환식 등 스케치에서 중요한 부분은 따로 정리해 둔다.

전자 부품	사용 I/O	스케치 사용 정리(변환식 포함)	결과, 변환식, 비고
가변저항(4.2절)	입력 A0~A5	float val = analogRead(Ax) / 1023.0 * R	R(저항 값)
택트 스위치(4.3절)	입력 D0~D19	pinMode(Dx, INPUT_PULLUP); boolean sw = digitalRead(Dx);	스위치 On: LOW 스위치 Off: HIGH
기울기 센서(4.3절)	입력 D0~D19	위와 같음	스위치 On: LOW 스위치 Off: HIGH

LED(5.2절, 5.3절)	출력 D0~D19	pinMode(Dx, OUTPUT);
		digitalWrite(Dx, hl);
		delay(sc); // 필요할 때 입력
			hl: HIGH(=5V) 또는
			LOW(=0V)
			sc: 대기 시간(밀리초)

	출력 PWM	analogWrite(Pwm, Px);	Px: 0(0V)~255(5V)
압전 스피커(SPT08) (5.2절, 5.4절)	출력 D0~D19	pinMode(Dx, OUTPUT); tone(Dx, hz, sc);	hz: 주파수(Hz) sc: 시간(밀리초)
소형 DC 팬(모터) (NidecD02X-05 TS1)(5.5절)	출력 PWM	analogWrite(Pwm, Px);	Px: 0(0V)~255(5V)
아날로그 온도 센서 (LM61BIZ)(6.1절)	입력 A0~A5	int val = analogRead(Ax); float cel = (float)val * 0.488 − 60.0	val: 0(0V)~1023(5V)
아날로그 광센서 (CdS)(6.2절)	입력 A0~A5	int val = analogRead(Ax);	val: 0(0V)~1023(5V)

전자 부품	사용 I/O	스케치 사용 정리(변환식 포함)	결과, 변환식, 비고
3축 가속도 센서(KXR 94-2050)(6.3절)	입력 A0~A5	float Xa = digitalRead(Ax) * 5.0 / 1023.0 − 2.5; float Ya = digitalRead(Ay) * 5.0 / 1023.0 − 2.5; float Za = digitalRead(Az) * 5.0 / 1023.0 − 2.5;	Ax, Ay, Az는 A0~A5 중력 가속도 포함된다

초음파 거리 센서(HC −SR04/SEN136B 5B)(6.4절)	입력** D0~D19	pinMode(TrigPin, OUTPUT);
		pinMode(EchoPin, INPUT);
		digitalWrite(TrigPin, HIGH);
		delayMicroseconds(CTM);
		digitalWrite(TrigPin, LOW);
		int dur = pulseIn(EchoPin, HIGH);
		float dis = (float)dur * 0.017;
			TrigPin: 트리거 핀
			EchoPin: 에코 핀
			CTM: 대기 시간 (마이크로초)
			측정 거리는 수 센티미터 에서 4m 정도

적외선 거리 센서(GP 2Y0A21YK)(6.5절)	입력 A0~A5	float Vcc = 5.0;
		float val = Vcc * analogRead(Ax) / 1023;
		float dis = 26.549 * pow(val, −1.2091);
			측정 거리는 수 센티미터 에서 80cm 정도

액정 디스플레이 (SS CI−014076 등)(6.6절)	A4/A5(I2C)	#include〈Wire.h〉 (I2C_LCD.ino 라이브러리 사용)	5V와 3.3V에 주의

EEPROM(7.3절)	−	#include 〈EEPROM.h〉
		EEPROM.write(ad, val); // 쓰기
		byte val = EEPROM.read(ad); // 읽기
			ad: 주소(0~1023)
			val: 값(바이트)

시리얼 모니터 화면 (7.5절)	D0(RX)
	D1(TX)
		Serial.begin(spd); // 통신 속도 설정
		Serial.print(str); // 줄 바꿈 없음
		Serial.println(str); // 줄 바꿈 있음
			spd: 통신 속도 9600 등
			str: 출력 문자열

* 1. 아날로그 출력 PWM(디지털 입출력 포트: PWM)은 D3, 5, 6, 9, 10, 11 중 하나다.

** 2. 초음파 거리 센서는 초음파 입출력으로 거리를 계산한다.

탭 실드 소개

이 책을 집필하는 동안 더 간단하고 더 빠르게 센서 등의 전자 부품을 능숙하게 사용하려면 어떻게 해야 할지를 생각했다. 그 결과 내린 결론이 여기에 소개하는 아두이노에 연결하는 탭 실드(Tab Shield)다.

시제품 5개를 개발한 후 완성한 탭 실드는 많은 센서와 LCD, LED, 스피커 등 14개 전자 부품을 조립한 확장 키트가 됐다. 하드웨어를 공부할 때 사용하는 간단한 교재 키트로 여러 상황에서 사용할 수 있으리라 생각한다. 벌써 몇몇 학교 교육 현장에서 사용하고 있다.

TAB SHIELD 1.1

- ⑩ 압전 스피커
- ③ 가변저항
- 디지털 입출력 변환 스위치
- 디지털 입출력 포트
- ⑥ 스위치
- ⑬ 적외선 수신 리모컨
- ⑧ 초음파 거리 센서
- ⑦ 기울기 센서
- ⑪ 6개 LED
- ⑭ 적외선 LED
- 디지털 확장 전용 입력 포트 초음파 거리 센서 또는 온도 센서
- ④ 소리 센서
- 아날로그 센서 변환 스위치
- ⑤ 3축 가속도 센서
- ① 광센서
- 추가 포트 전원, GND
- ② 온도 센서
- ⑫ EEPROM (뒷면)
- 리셋 스위치
- ⑨ LCD 액정 디스플레이
- 아날로그 입력 포트 (디지털 입출력 포트)

탭 실드의 장점은 다음과 같다.

① 전자 부품을 하나하나 살 필요가 없다.

② 납땜을 하거나 브레드보드와 케이블로 연결할 필요가 없다.

③ 저항이나 콘덴서 등도 생각할 필요가 없다.

④ 아날로그, 디지털, 시리얼 통신 구분을 간단히 하기 위해 스위치가 달려있다.

고급 센서 등 전자 부품을 누구나 간단하게 사용할 수 있게 하는 실드다. 아이디어만 있다면 일상생활에서 사용할 수 있는 여러 가지를 개발할 수 있다. 특히 적외선 리모컨은 LED 조명 이나 TV 등의 원격 조작법을 간단하게 습득할 수 있게 되어 있다.

이 탭 실드를 3G 실드와 함께 사용하면 사물 인터넷 산업에서 사용할 수 있는 시제품 개발 에도 사용할 수 있다(참고 사이트: http://tabrain.jp/ 일본어).

D 아두이노 관련 사이트

인터넷에는 아두이노 관련 정보가 풍부하지만 여기저기 흩어져 있다. 이런 정보들은 찾고 싶은 검색어를 사용해서 쉽게 찾을 수 있다. 하는 작업이 막혔을 때나 궁금한 것이 있을 때 한 번 검색해 보자. 여기서는 '즐겨찾기'에 등록하면 편리한 사이트를 소개한다.

■ 전자 부품 판매 사이트

- 엘레파츠: http://www.eleparts.co.kr
- RS COMPONENTS: http://kr.rs-online.com
- 디지키: www.digikey.kr
- 아이씨뱅큐: www.icbanq.com
- 스위치 사이언스: http://www.switch-science.com 일본어
- 아키즈키 전자: http://akizukidenshi.com 일본어

- 센고쿠 전자: http://www.sengoku.co.jp 일본어
- 아마존: http://amazon.com 영어

아두이노 레퍼런스

- 아두이노 공식 사이트: http://arduino.cc 영어
- 아두이노 일본어 레퍼런스: http://www.musashinodenpa.com/arduino/ref 일본어
- 아두이노 레퍼런스: http://garretlab.web.fc2.com 일본어

아두이노 관련 사이트

- 아두이노 전용 CAD: http://fritzing.org/home 영어
- Autodesk 123D Circuits: http://123d.circuits.io 영어
- 아두이노 페이스북: https://www.facebook.com/official.arduino?fref=ts 영어
- 한국 아두이노 사용자 모임 페이스북: https://facebook.com/groups/easyarduino
- 코코아팹: http://kocoafab.cc
- Stack exchange: http://arduino.stackexchange.com 영어
- stackoverflow: http://stackoverflow.com/questions/tagged/Arduino 영어
- 아두이노 문제 해결: http://garretlab.web.fc2.com/arduino_guide/trouble_shooting. html 일본어

탭 실드 관련 사이트

- http://tabrain.jp/servicetabshield.html 일본어
- http://www.switch-science.com/catalog/1615 일본어
- https://makershub.jp/make/42 일본어